Movable Architecture
移动的建筑 2

（英）罗斯·基尔伯特（Ross Gilbert）编
夏薇 译

广西师范大学出版社
·桂林·
images Publishing

目录 Contents

商业空间设计

住宅设计

办公设计

前言 Foreword

集装箱建筑的诞生

正如《移动的建筑——摩登集装箱》中所预测的一样，越来越多的集装箱已被投入使用并用于货物的装载与运输。这一现象无疑推动了近年来方兴未艾、振奋人心的设计发展的巨大浪潮。作为《移动的建筑——摩登集装箱》的续集，这本《移动的建筑 2》将继续探讨当下众多最新和最具创新性的设计。

建筑行业变动的原因

马尔科姆 · P. 麦克莱恩 (Malcolm P. McLean) 的一个简单却有创意的想法改变了我们的世界。

他的创新彻底改变了一个对革命充耳不闻、毫不在意的运输行业。他这个绝妙的想法便是集装箱。那么，使全球运输业发生了革命性变革的集装箱，还会发挥更多的影响力，进而推动其他行业的革命吗?

实际上，运输业和建筑业之间有许多相似之处。艾登 · 哈特 (Aidan Hart) 在《移动的建筑——摩登集装箱》一书中曾说道："这个耗时多且劳动密集的过程 (散货) 由于运输延误而加剧。船舶和承运人需在途中多次驳船来装载或卸载货物。" 将上句话中的 "运输" 一词替换为 "天气"，将 "船舶和承运人" 改为 "承包商"，那么这句话就会变成 "这个耗时多和劳动密集的过程 (建筑施工) 由于天气的延误而加剧。承包商将多次停下来，沿途装载或卸载货物"。那么马尔科姆 · P. 麦克莱恩的集装箱能在此再次掀起轩然大波吗?

思想前卫的建筑师和设计师很快发现，集装箱也可以被用作建筑材料。1962 年 10 月 12 日，美国新泽西州兰伯特维尔的克里斯托弗·本杰明(Christopher Betjemann)利用集装箱搭建了一座可移动的建筑，并向"移动贸易展览会"提交了四项专利申请；在瑞典马尔默，弗里茨 · 兰格贝克 (Fritz Langerbeck) 首次打造了一座完全建在运输集装箱内的工业建筑，为游牧概念提供了蓝图和典范，并提出了四项专利申请；1986 年，在法国，来自蒂永维尔的克劳德·博多 (Claude Baudot) 和康纳克的文森特 · 孔蒂尼 (Vincent Contini) 用标准尺寸集装箱简单堆叠组装的预制模块化结构申请了专利。这样不但方便交通运输，更可以节约时间和成本。

1987 年 11 月 23 日，在佛罗里达州迈阿密，菲利普 · C. 克拉克 (Philip C. Clarke) 第一次将用于运输的集装箱改变成适合人类居住的空间，并提交了专利申请。集装箱或交错堆叠，或并排放置，与屋顶、窗户和地基相连，形成可居住的建筑物。1989 年 8 月 8 日，这项专利通过授予，为集装箱的适应性设计与集装箱建筑的未来提供了借鉴并打下了坚实的基础。

在《移动的建筑——摩登集装箱》"运输" 这一章节中，艾丹 · 哈特 (Aidan Hart) 谈到了集装箱化的到来，并通过案例研究展示了集装箱的独特魅力、耐用性和便利性。从书中的例子我们可以清楚地看到，作为一种在设计和开发当中适合各种类型住宿需求的解决方案的首选建筑基本材料，集装箱在当今充满活力的全球经济中正快速发展并发挥着重要作用。基于对阿基格拉姆 (Archigram)，黑川 (Kurokawa) 和勒 · 柯布西耶 (Le Corbusier) 等人提出的集装箱的胶囊、预制、剪裁和插入架构等核心思想的解读，越来越多的开发人员也开始热衷于探索集装箱建筑物的价值。优秀的设计师用一组麦卡诺套件就可以建造出有坚固结构的安全建筑，而海运集装箱将会更加满足客户低预算、多形式和多功能的建筑概念与要求。

为什么集装箱的使用频率会增加？

海运集装箱是我们这个时代的技术。20 世纪 20 年代，它在全球化和全球运输网络的发展中起到重要的作用。随着几十年来贸易形式的不断变化，剩余原料与库存也在这一过程中不断积累。但是这一现象反而激发了前所未有的创造力，使创新者开始思考如何更好地利用这一结构，如何实现这一结构的多样化。

地缘政治、宏观经济、人口、技术和环境变化也是集装箱使用频率增加的关键因素。波动和不确定性成为我们各行业与我们地球的经营环境的新规范。我们的世界不会静止不前，因此我们必须努力克服种种不确定的因素。但在这一切波动与不确定性之下，我们不断寻求一种安定感，那就是拥有一套房子，拥有栖身之地。这种需求也是人类社会发展的关键基础之一。

我们同时也生活在一个日益城市化的世界。1930 年，世界人口的 30%居住在城市之中。2014 年，这一数字已经上升到 54%。预计到 2050 年，66%的人口，约 60 亿人将成为城市居民。由于城市人口激增所导致的消费和资源压力增加、气候变化、政治动荡、城市环境、投资不足和经济衰退可导致进一步的社会极化。

各国政府都在努力应对这一局面，大型建设项目也因行业无止境的拖延和严重预算超支运行的趋势接连受到影响。即便如此，我们的世界仍然有自下而上的、更人性化的发展机会。生产力持续对建筑行业影响和限制以及能源发电和粮食生产的分散化激发并坚定了我们社会赋权意识。海运集装箱建筑作为一种低成本、低门槛的建筑，为建筑形式增添了一种新的样式与可能性，为居住在这个不断城市化发展的世界的人民提供了价格适中的居所。

那么用于运输全球货物的商品化产品是否真的会崛起、满足需求并在建筑业中掀起轩然大波呢？由于建筑行业的变化速度十分缓慢，我们不也易做出过大的举动，因此集装箱便是兼顾两种需求的上等选择。如果集装箱再利用的热度一直持续下去，那么了解新旧海运集装箱的市场动态以及它们如何影响这个不断膨胀的潜在市场的重要性就不言而喻了。

图 1.

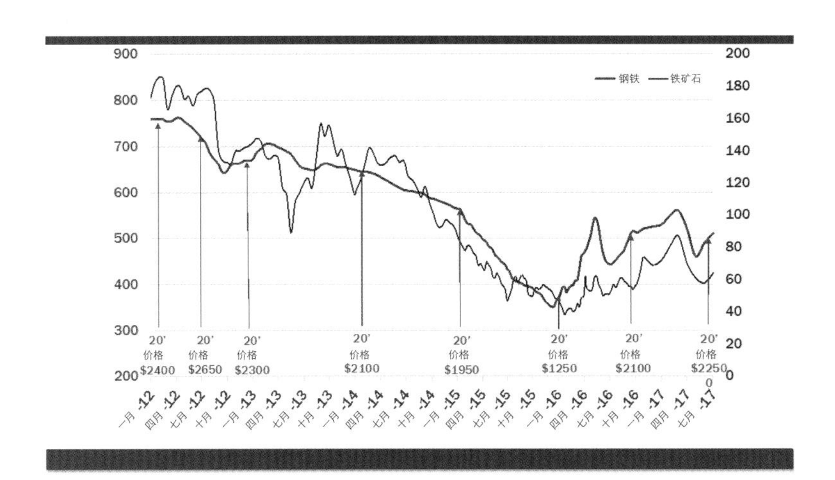

图 1: 铁矿石和钢铁价格（来源:《集装箱贸易商与创新者协会》）

市场统计

商品价格和数量

集装箱主要由科尔顿钢制成，因此钢铁市场的主要商品价格对新集装箱成本具有一定的影响。如图 1 所示，钢铁价格与其原材料铁矿石的价格发展趋势大体一致，这表明钢铁价格会对新集装箱市场销售价格产生影响。如图 2 所示，二手海运集装箱市场价格与新集装箱市场价格的走向趋势基本保持一致。因此，原材料价格与出口价格之间十分密切。

因此，在人口持续增长的情况下，当人们能真正认识到地球的资源是有限的，而我们可采取的行动也受多重因素的限制时，全球钢铁需求则会有增长的可能，而集装箱的价格也可能随之增长。

图 2 为采用 20 个等效单位（TEUs）的集装箱贸易的动态市场统计数据，定价单位为美元。因此，如果使用除美元以外的其他货币来开发项目，则不需要考虑货币波动的风险。

图 2.

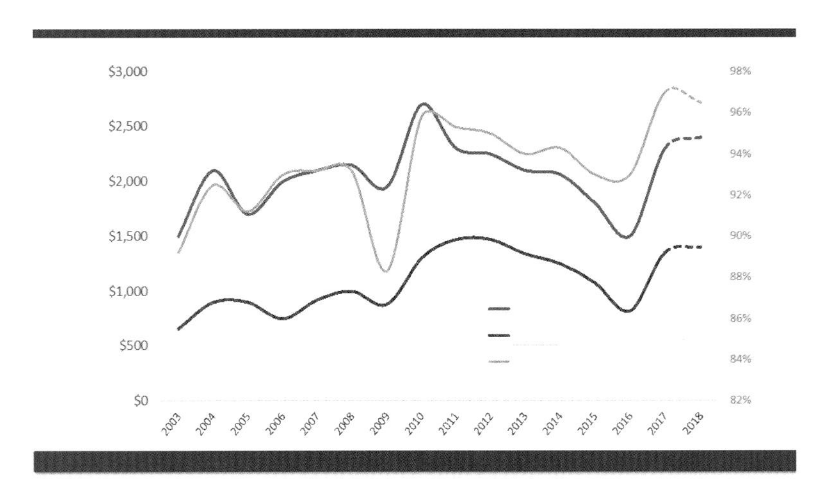

图 2: 新旧海运集装箱的定价趋势（来源:《集装箱贸易商与创新者协会》）

图 3.

全球 TEU 销售量与价格

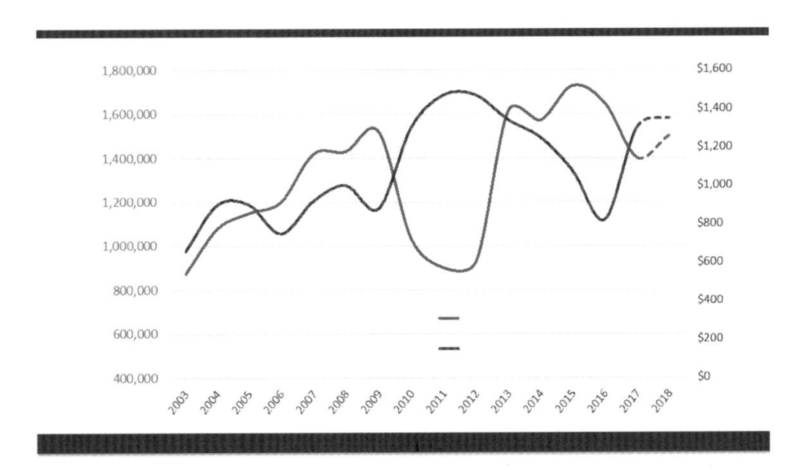

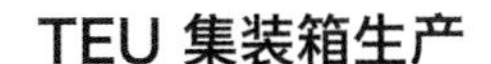

图 3：全球 TEU 销售量与价格（来源：《集装箱贸易商与创新者协会》）

新海运集装箱与旧的或二手运输集装箱的价格走向。数据表明，新集装箱的市场价格浮动要比二手集装箱市场价格大，而且二手集装箱市场价格也相对稳定。

图 3 表明了集装箱市场具有潜在的弹性，供应量随价格的变化而变化。

集装箱市场预测

如图 4 所示，全球金融危机对集装箱的生产产生巨大影响。这一现象并不奇怪，因为集装箱是全球化的标志。虽然目前航运公司已经开始取代过去的海运集装箱，但根据“集装箱贸易商和创新者协会（CTIA）”的数据显示，预计到 2018 或 2019 年，集装箱的生产需求仍会增加。

每年 500 万标准集装箱的预计产量只有大约 450 万可以实现。但即便如此，交付这样数量庞大的集装箱则需要劳动力增加劳动力以及油漆干燥设备的大量投资。据图 4 显示，短期到中期内超过 350 万 TEU 的实际产量的可能性都很小，甚至难以实现。

图 4.

TEU 集装箱生产

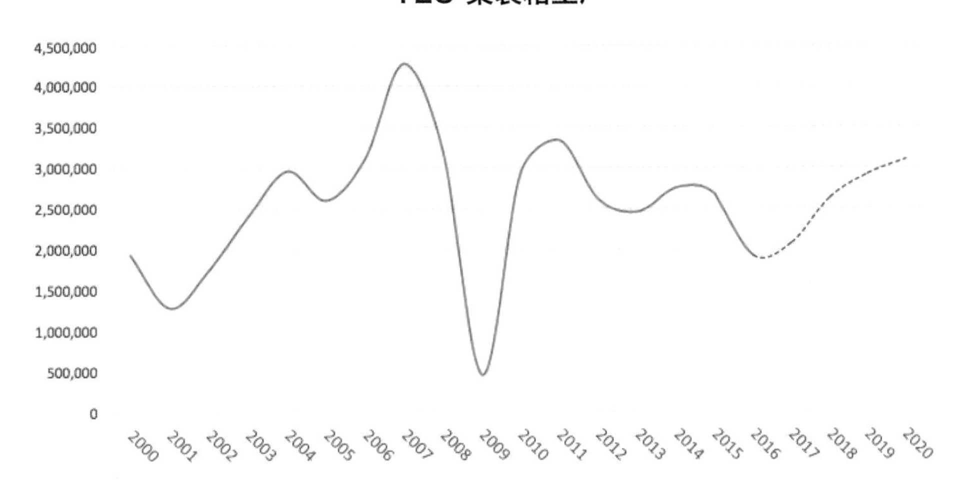

图 4：TEU 集装箱生产（资料来源：CTIA）

从目前的交易量来看，CTIA 估算目前已有大约 3800 万标准箱用于流通。因此，占据目前生产数量总容量 10%左右的新集装箱的生产数量，仍然是决定价格的一个必要因素。

集装箱的种类

市面上可见的海运集装箱不胜枚举。常见的集装箱的尺寸多长 6 米或 12 米，宽 8 英尺，高 8 英尺 6 英寸。现在长 10 英尺的集装箱和长 45 英尺的集装箱也逐渐普及。除此之外，还有标准的高 8 英尺 6 英寸的立方体的变形集装箱，这类集装箱一般高 9 英尺 6 英寸。

集装箱不但尺寸不一，并且功能繁多。大部分流通的集装箱被称为干货车，干货车是海运集装箱基本的类型之一。然而，还有其他一些类型的集装箱可以进一步为创新提供灵感。Caboose & Co 公司成功地将两端带门的隧道集装箱改造成游牧工人的临时住所。

冷藏集装箱的绝缘设计以及空调设备的安装为冷藏运输提供了必备的条件。根据当地的建筑规范要求，这种集装箱的墙壁是垂直的而不是像梯形一样带有坡度，可以充分保证隔绝效果，以供使用。侧装式集装箱长度较长一侧安有谷仓门。储罐集装箱的外部箱体框架与盛放液体的容器完美结合在一起，多用于液体输送。散装集装箱又称为散货船。这类集装箱约 6 米，与有舱口的干货车形似，便于运输商品的装卸。宽托板运输集装箱的尺寸较特殊，比标准的 2.438 米集装箱略小一圈，尺寸为 2.4 米。该类装箱专门用码垛运输商品。

总而言之，海运集装箱已经在运输业占据稳定的地位，发挥着重要的作用。据预测，集装箱的供应和价格将在短期至中期保持稳定，这意味着集装箱进口国的盈余供应量将在全球贸易中持续累积。从开发商的角度来看，集装箱架构作为一种解决方案和施工方法，虽日后可能会面临供应短缺危险，但在此之前仍有一定的发展空间。集装箱贸易是动态市场，受全球金融市场、外汇和商品价格等多因素的影响。

集装箱开发应用

历史回顾与发展趋势

集装箱建筑并不是一个新鲜事物，早在菲利普·C. 克拉克的专利之前，就已经有一些由集装箱改造建筑物的例子。这些早期的集装箱建筑为后人展现了海运集装箱不同的应用方式。它们可以用来搭建可随时移动的临时建筑，可以用来建设全新的永久住所，可以用来扩建原有的建筑面积，也可以通过简单的结构相拼打造中心基础设施。

集装箱架构的发展趋势十分有趣。集装箱最开始的主要功能就是存储，工业建筑及简单的便携式临时办公室和收容所。这个趋势不断发展，从克里斯托弗·本杰明的 1965 年单一的移动贸易展览会，到现在演变为多种娱乐集装箱建筑，例如《移动的建筑——摩登集装箱》的 Espresso 咖啡吧。

今天，海运集装箱建筑的优势不仅仅是物美价廉，更重要的其环保再生能力。在灾后重建（新西兰基督城振兴）、定制和有时间期限的项目（荷兰阿姆斯特丹学生宿舍 Keetwonen）和廉价的临时住宿解决方案（伦敦英国的马斯顿庭院）等项目中都能看到集装箱的身影。这种简单的建筑演变为人人都可以买得起的可循环建筑，标志着集装箱建筑进入了一个激动人心的新时代。

事实上，由于集装箱流传广，功能强和概念新的特点，目前建筑行业开始增加集装箱的使用，如酒店、住房和办公室等特制集装箱住宅。英国的 CargoTek、美国的 Meka USA 以及中国的 CIMC 等公司都已经投身到这一领域中来。

使用集装箱建造时的注意事项

由集装箱搭建的建筑有很多优点。集装箱宛如积木一样耐用且坚固。由特种耐候钢制成的简单集装箱设计常用于气候恶劣，如海洋性气候的北欧。在这样的环境下，集装箱的寿命大约是 10~12 年。如将集装箱放置在比较稳定，或有系列保护措施，其使用寿命也会大幅度地延长。

多数集装箱建筑都是集装箱的叠加。当 9 个满载的集装箱拼接起来做底层基础时，其上面能够承受大约 240 吨的集装箱重量。正是因为这种巨大的承受力，所以在处理相对较低的载荷的建筑物和风力问题时，建筑师往往可以有多种选择，因为设计师可以将它们相交组成悬臂结构（详见“UNIONKUL STACK II”），将它们倒置（详见“恶魔之角”和“Hai d3”）、并置（详见“城市船舱”）或倾斜（详见“APAP 集装箱开放学校”）。

集装箱另一个固有优势便是灵活性，它使用灵活，既可以作为独立的箱体使用于可以进行多重拼装。集装箱的高承受强度还可以承受楼内交通和通道所需的结构元件，如楼梯、阳台、人行道和屋顶露台等。集装箱承受力完全能够支持这些结构，而且效果并不比那些独立结构差，反而还更好。

当全世界无处不在的集装箱和先进的全球交通基础设施碰撞时，就意味着在相对较短的时间内，我们可以将大量的集装箱组装并运输到世界上任何一个角落。对于开发商或投资者而言，集装箱最关键的一个优点是，如果在施工期、拆迁期、循环使用期出现延误的现象，那么他们也不用担心，因为全球发达的集装箱网络系统可以确保这种简约、低成本、有效的可移动集装箱建筑的建成。除了耐压性耐用性和可用性外，其可循环使用性也是集装箱的一个革命性的特点和亮点。循环利用现有产品将会创造更多具有社会环境和财务价值的新产品。

虽没有科学证明，但据说现在世界上有这么多集装箱的原因之一是融化这些二手钢材所需的能源成本远大于融化后的废料市场价值。台东原住民文创产业区一项目是使用循环集装箱的典型代表。每年通过水道从台湾周边城市运送到台湾的集装箱件数过万，而这个项目正是探索不同循环使用的方式的理想选择。集装箱架构的可持续性不仅仅可以作为建筑使用，也具有其他的功能，如本书中的案例，将现有的可再生能源技术和材料与集装箱结合在一起，例如雨水收集（台东原住民文创产业区）、自然通风（集装箱概念足球俱乐部空间设计）、太阳能光伏板、芦苇、木材（朝花夕拾生活馆）和水力发电。

在设计的过程之中，设计师依靠实验技术设计出更加精准、更加人性化的房子。如在集装箱概念足球俱乐部空间设计项目中，设计师运用屋顶设计参数，巧妙地利用阴影为建筑打造出避光、乘凉之处；而悬崖小屋是一个100%的离网建筑。此外，虽然有一些集装箱项目仍在现场建造，但集装箱结构也仍称得上是非现场施工革命的一个重要组成部分。在全球范围内，集装箱建筑采用系统的建造方式，确保了供应紧张需求、提高了产业整体生产力的，在建筑行业改革之中发挥了重要的作用。当然，即便是有了集装箱建筑，建筑业仍需要进行现代化改善、吸引推进行业的年轻人才。

集装箱结构可以通过两种方式实现：首先，集装箱建筑本身是与众不同的，是有趣的和前所未有的，而年轻人往往更喜欢面对这样的挑战。第二，它可以推动变革的步伐。尽管意见是两极分化的，但是毫无疑问的是，想改变人们对建筑业和施工业的固有看法并不容易。集装箱结构激起了业内建筑师的兴趣，激发了设计师独特的灵感、创意和创新风格。越来越多的集装箱建筑物被设计成现成的可更换的便捷组件。

对于设计师来说，在建造集装箱时需要考虑多重因素。首先要牢记的一点是，最初发明集装箱并不是为了人类居住。所以集装箱要成为合适的生活和工作空间，需要设计师做大量仔细的设计工作。设计师应该知晓他使用的每一个集装箱曾经被用来做过什么，并慎重使用。例如现代干货车集装箱含有水性涂料和塑料、竹地板或钢地板，而较老的集装箱器可能还有经过杀虫剂处理的热带硬木地板。经过任何化学处理的集装箱都，都应该在CSC板（集装箱安全铭牌）上进行说明和标记，而设计师也应该在项目开始之前，仔细研究这些细节和考虑是否适合采用。这类问题的常见解决方案是应用低挥发性有机化合（VOC）工业标准的环氧树脂，这样可以防止气体泄漏，保证物品安全密封。另外，也可以移除和替换地板。开展任何关于海运集装箱的项目之前的关键在于确定客户的简报。虽然海运集装并不是唯一的选择，可被许多其他种类的建筑模块代替，但是海运集装箱易于运输、搭建、解构和循环利用、低成本，这些都是其他结构无法比拟的。从房地产开发的角度来看，这也是集装箱成为临时工程的无处不在的重要组成部分的重要实力和原因之一。

集装箱建筑发展趋势

永久性结构

在集装箱概念足球俱乐部空间设计项目之中，为满足额外办公空间的要求，设计师将五个集装箱拼接、插排在已有的结构中。参数屋顶和阴影使用、节能自然通风和颜色使本来单调的足球场更加独特醒目，实现了功能的延伸和生态的保护。恶魔之角项目通过玩转角度，采用可持续材料，也做到了在澳大利亚葡萄园已有结构基础上的延伸。同时，这也是异地建设，远程交付项目的一个经典代表。集装箱在异地预制并被运输到现场进行安装，这样也很大程度上减少了自然环境的破坏。朝花夕拾生活馆展现了异地施工的优点与采用当地的生态材料如麻草、芦苇和木材的融合。朝花夕拾生活馆这个项目向大家展示了在农村地区有效运用集装箱的方法。

目前，越来越多地集装箱结构结合了可再生能源技术和其他施工方法。在南非的悬崖小屋之中，设计师优先选取了海运集装箱，并将悬臂式集装箱结构与轻型冷轧钢框架系统结合，再重新刷漆，装配再生软木地板、太阳能光伏板、钻孔和自然通风。打造出一个自给自足的美丽家园。集装箱能够在建筑行业中实现自己的价值，得到再利用并且还能与其他可再生技术和材料的结合，这无疑体现了集装箱的独特魅力和发展潜能。它宣传了节俭的文化，肯定了星球资源有限性的理论。房产开发者和设计师应继续推动可用资源的使用和循环利用，这是至关重要的，今后为人类打造美丽又合适的建筑。

临时结构

虽然海运集装箱在永久性建筑中起着重要的作用，但是集装箱临时空间和建筑中起到的作用才使出了它的看家本领。正如《移动的建筑——摩登集装箱》中所阐述的那样，集装箱一般作为快捷应急的措施和救灾情况的解决方案使用。但是，对于我来说，集装箱的真正潜力在于将其作为一种战略工具，也是推动城市再生产的催化剂。

赈灾

如《移动的建筑——摩登集装箱》所提到的，“集装箱一直是政府、援助机构和世界各地的设计师们在灾后建房的首要选择 ...... 是为那些基础设施不发达或欠缺的发展中国家提供服务的重要部分。”

应急便捷建筑

晚会、品牌活动和娱乐空间等一般会采用应急便捷结构，而应急便捷结构通常以集装箱作为基础。如《移动的建筑——摩登集装箱》中提到的案例 ZU FLUX 阿迪达斯画廊，为突出其“行无踪迹，飘渺不定”的主题，集装箱的承力、流动性和便捷性使其能在其他建筑材料中够脱颖而出，并使之成为首选。

即时、临时建筑

《移动的建筑 2》中的案例无一不说明了临时和永久集装箱建筑的复杂程度已经越来越高。集装箱的应用已从简单的娱乐展台走向真正的建筑战略，在再生策略中得到了更广泛的运用。叠装叠这个项目大胆却简单的配色，是完全可以移动的集装箱建筑。设计师利用集装箱的强度和灵活性，将开放式办公室和展示室设定在悬挂结构之中。即便是项目活动结束了也不要紧，可以随时拆卸放置起来，等有需要时再拿出来使用。HaiD3 项目是另一个可拆卸移动集装箱建筑的经典案例，为本地集装箱创意建筑的发展提供了孵化器，使集装箱得到了更广泛的应用。使用集装箱进行建造，人们可以从第一天开始动手开工，而不必再受传统建造方式缓慢、无止尽的等待，待到竣工的时候才能看出来房屋、小区的样子。丹麦的城市船舱通过在水中布局，将同时建造的概念进一步扩大。这种短暂的结构是为了应对学生住房的急剧需求而设计的。

这三个项目概述了海运集装箱建筑用作临时建筑的一些主要趋势。因为集装箱本身保持原样，没有发生任何改变，便于运输和重复使用。屋顶是模块化和可拆卸的设置。通过颜色、可装配式的外墙，一改楼外表传统的简单涂层，采用天然材料装饰来美化建筑。尽管这些项目是临时的，但是和那些永久性的建筑一样，顺应使用太阳能、水力发电和热泵等可再生能源材料的趋势。从发展的角度来看，这些方法的优点是便捷、快速、可解构。在部件整合期间不用担心延迟的问题，先放在一边即可，在未来的项目之中或组合或拆分，并且由于其设计的模块化特性可能会找到替代形式。

很多项目本身都是适应性的，能够根据气候变化或住宿需求等波动条件进行扩大、缩小或变换，客户也可充分利用这一点更好地表达自己的想法和理念。这些项目共同打造出一个更加生动的环境，而这种试验和实验性的方法也比传统的建筑设计系统更为可行。这些探索和试验的结果表明，集装箱建筑更符合人类行为模式，更多地顺应如今人们寻求的生活形式。

集装箱作为我们这个时代的一个重大技术，对于现在的一些缺陷与不和谐可能是一件好事。插件塔项目是一个很好的例子。该项目提供经济适用住房，是填补城市的理想选择。这个同时或未定义的项目的潜力是相当大的，因其不需要地下基础而规避了私人房屋受现行严格的规划政策要求的麻烦，并且只需几个非技术人员就可以进行安装，从而颠覆了传统保守市场财产和建构方式。这对于低收入人群来说都是极具有吸引力的。有了集装箱，买房就像在商场里挑选商品一样，打破了传统自上而下的发展再生模式。

影响

规章与政策

在当今世界，建筑行业发展缓慢而保守，其政策和立法过程更是如此。集装箱建筑和插入式集装箱架构的出现无疑给这些传统政策带来了巨大的冲击，迫使人们用挑战式思维方式重新思考，改变现状。比如，插件塔这一项目不仅仅打破了原来的制度，更是制订了新的游戏规则，极有可能会引起现有建筑业行情的变化。

耗能建筑可以转化为：

- 根据不同社会不断变化的需求量身定做可更换的建筑物、住宅和住房
- 插件结构的二手市场
- 城市作为可变因素的集合
- 一套标准化的柜台建筑构件

因此，发明一个普遍现成的结构或建房蓝图以满足 99%的人的发展需求是十分明智的。

制造业

建筑如果可以像消费品购买的话，那对我们来说这确实是一个好消息。因为它不仅提高了建筑环境的质量，而且降低了交付所需的成本、资源和时间。这样精心搭建的建筑更符合以“修复、再利用、回收”为中心的可持续的理念。然而，由于海运集装箱的运输流动性较强的性质，可能会有很大的威胁，可能对当地造成就业机会的流失，使当地一些就业机会外流，目前这种情况在东部地区比较普遍。

不过，每一个挑战给我们带来的不仅仅是威胁，还有机会与机遇。汽车航天制造业精益的生产流程为建筑行业提供了很多借鉴与经验。部件装配的高效系统、全球燃料成本的上涨以及运输行业的竞争意味着生产设备不需要离岸。相反，当地的规章制度的经济体中，他们可以被安置在家中。作为消费品的结构意味着需要本地内容来维护包括备件在内的操作和维护要求。

设计

这样的一套全球可运输组件工具将为建筑师和设计师在面临历史难题时提供不同的思考方式。

再生工具

使用集装箱架构作为城市再生的战略工具，可以实现最重要的影响和成果。集装箱建筑的灵活性和多功能性深受开发商和社区居民的喜爱。开发商可以通过反复的实验和出现的错误中吸取经验，寻找创新枯竭、停滞不前的突破口。集装箱的可能性是无止境的：地方制定、倾销翻新、消费得起的设计、不需要永久性的设计反馈，较低资本要求的个性表达以及建造的时间较短，这一切决定了现在集装箱大热的发展趋势。

本书特色的项目展现了近年来我们在集装箱建筑领域的创造力以及思维模式和创新能力的巨大飞跃。然而，这些仅仅是开始。现在，设计师、各大公司和政府越来越意识到集装箱这种集标准化和功能性于一身的结构潜力，越来越多的客户也愿意委托设计方建造集装箱建筑，设计方也会根据客户的需要展开设计和部署。企业家、设计师和集装箱将继续挑战固有的想法和模式。就像本书第 214 页上的口袋小屋所描绘的未来，我们不是搬家，只是移动我们的家，相信这样的未来离我们并不遥远了。在当我们下定决心暂时脱离永久建筑的模式，唯有这样，我们才可以真正地实现可持续的理念。

相信看似普普通通的运输集装箱可以对建筑行业真正发挥重要的作用，并改变现有的建筑景观。

Chapter

01
集装箱建筑用途

用于住房

居住建筑是集装箱建筑使用最多的功能门类。单元内部空间能够紧凑地布置下家具，并且小面宽大进深的通风采光方式也符合节地的住宅布局策略。主要分为以下三种住宅形式：

首先，用作临时性住宅使用。集装箱建筑可以进行便捷的运输、拥有低廉的造价以及较之其他临时性建筑更安全舒适的居住品质使得它在工地厂房的临时性宿舍，以及各种非永久性住宅中占有独特优势。

其次，用作别墅使用。在西方国家，将集装箱改造为私人住宅是非常时尚且省钱的建造方式，已经有大量的住宅由集装箱改造而成，并且使用时舒适安全。不仅可以使用集装箱用作独立别墅设计使用，还可以建设联排别墅、多层别墅以及与其他结构共同构成复杂空间的别墅使用。美国德克萨斯州的建筑师 Jim Poteet 设计的集装箱度假小屋，由 12 米集装箱改造而成，中央的卫生间将内部空间分割为左右两部分，右侧为花房，左侧为居住区域。在居住区域内，设计师设置入口从中部进入，并使用大片的玻璃让周围环境渗透入室内。地板、墙面采用竹制饰面板，并布置有暖气空调、简易水槽、屋顶绿化等设施。

第三，用作多层居住建筑使用。使用多箱体的水平方向和垂直方向叠加，可以创造出多层多个单元的集装箱组合式建筑，可以很方便的用集装箱来改造成宿舍、集合住宅等大型住居住建筑。通过对箱体内部进行分隔、附加走廊和楼梯结构，可以很容易的组织出通往每一个箱体单元的交通空间。通过附加隔热屋顶、基础、保温设施、给排水及暖通设施，集装箱多层居住建筑完全可以符合现行的建筑规范，并达到较高室内环境的舒适度。

用于灾后应急住房

EX-Container 计划的主要目的是为 2011 年日本海啸灾民建设集装箱应急住宅。通过精细的集装箱改造建筑这种方式让政府以比较低廉的价格建造比一般临时性建筑有着更好居住品质的应急居所通过相对快速的建造周期，帮助受灾地区尽快满足重建住宅的需求。

EX-Container 是一个利用标准集装箱进行改造、组合制作的建筑，由于日本国内法规规定单纯的集装箱是不能直接作为房屋使用的，为了符合日本国内的建筑法规，在制作的过程中拆除了不必要的零件构造，重新设计了建筑结构以及连接箱体的构件。为了节约建筑材料来回运输的成本，同时减少现场施工机械的使用，在实际建造中先在工厂进行集装箱住宅的内部装修和外围护结构，然后直接运输到建筑工地进行组装。一般来说 EX-Container 集装箱应急住宅的使用时间为两年，在此之后建设方可以将它维护改造为普通住宅，增加集装箱建筑的适应性。

用于办公空间

集装箱拥有简约、工业化、绿色环保的固有气质，因此特别适合于用于期待拥有独特气质的企业办公室使用。同时通过与混凝土、钢结构、桁架等结构共同配合，集装箱建筑在室内室外除了可以看到集装箱特有的金属波纹板作为室内的结构 / 装饰构件之外，几乎于其他普通建筑没有过大的区别，并且能在显著降低建筑造价的同时提升建筑品质。

与土建工程相关的各类建筑往往具有十分明显的临时性，随着工程项目的进行，往往在一两年甚至几个月的时间里便需要将建筑拆除或者搬迁。这类建筑有着循环使用的特性，内部空间没有过多的变化，但是对使用的舒适度和安全性有相对较高的需要，集装箱建筑正好满足这类建筑的基本需求。同时出于对市容市貌的考虑，集装箱用作临时性办公场所在城市某些路段有着先天的优势，不仅运输到现场便能立即使用，节省大量的现场施工时间，在造型上也较板房、彩钢屋看起来更加整洁美观。在城市中心区繁华路段以及某些对市容环境要求很高的地区进行施工时，便经常可以看到用集装箱建筑来作为临时性办公场所。

用于公共和商业设施

集装箱整体式的结构方便运输，整洁大方的造型使得它被很多城市用作城市公共服务设施使用。通常可以看见欧美国家街头、公园以及各类社区中由集装箱改造的卫生间、电话亭、小型零售商铺等公共设施。在我国，集装箱也经常被改造成超市、报刊亭、调度站等这类公共服务设施。

用于文化教育设施

集装箱特有的工业产品感官特征特别适合塑造具有某种后工业时代气质的文化教育类建筑物。通过模数化的组合，构造粗野而不失局部的精细，使得集装箱成为年轻人特别喜爱的潮流艺术品，所带来的是特立独行而有品味的文化气息。

在韩国，已经有数座集装箱艺术馆建成并投入使用，例如韩国光州美术馆、首尔的排长艺术中心、丹麦哥本哈根集装箱展览厅等集装箱建筑，深受青年欢迎。在我国位于广州市天河区的 53 美术馆也是使用集装箱作为建筑的主要结构和造型元素，体现出独特的后现代艺术感。

同时，集装箱拼合后形成的扁平状室内空间也可以被用作教室空间使用。汶川地震过后，中集集团捐赠给汶川雁门小学的拼装式小学校舍，也是集装箱在此类设施上的一次尝试。

用于景观构筑物

集装箱作为一种工业产品废弃物，在设计时也经常被用作体现当地工业场所感的景观构筑物。例如法国南部葡萄酒庄园的集装箱构架景观等，都起到了极佳的标志性和地域性文化特征，达到了很好的艺术表达效果。

Chapter

02 集装箱建筑的箱体适应性组合设计

集装箱建筑增加对于功能空间的适应性不仅仅在于单箱体的空间利用，通过箱体的拼合可以塑造出更多种类的建筑，并且创造出属于集装箱建筑特有的艺术品质。集装箱建筑可以分为三种形态：一、集装箱箱体改造的建筑；二、集装箱箱体组合的建筑；三、集装箱箱体（及其构件）与其他结构共同起结构作用的建筑。现代集装箱建筑通过适应性改造、组合，变化出种类繁多的建筑模式。从居住建筑到适用于大跨度的体育建筑；从小型单箱体建筑到数百个集装箱组合的大型组合式建筑，依据实际项目的需要，其规模也有着很大的不同。可以说集装箱建筑设计的发展标准在于集装箱建筑的组合方式和空间适应范围上的扩展。集装箱建筑的组合方式直接取决于它所能支撑的空间大小和类型。不同的内部空间规模，对应有不同的集装箱组合设计方式。

1 非重复性单元的箱体组合设计

非重复性单元的箱体组合是指：构成建筑的要素是非重复性的，即不是由某一功能单元重复累积而成的，其主要结构构件为集装箱箱体的建筑单体。在这种集装箱建筑中，箱体组合模式多样，这是集装箱构成建筑中最有趣也是适应能力最强的组合构成方式。集装箱箱体与箱体之间可以有无数种组合方式，但是不论多复杂的箱体构成建筑，简化分解后都是由最基本的若干构成模式出发演变而成，如叠加、斜交、竖立、拼合等方式，这是构成集装箱建筑的基本结构。

1.1 水平拼合设计

1.1.1 箱体紧密相接时的拼合设计

在水平方向，多箱体拼合可以增加箱体内部空间，提高建筑对于空间面积的需求。尤其是对于在单箱体情况下使用面积不够又不适宜使用前文所述变形扩展方式的情况下，多箱体的水平拼合就是非常合适的选择。在不改变箱体原长的情况下，多箱体拼合过程中组合箱体的面积的扩展是有一定规律性的。使用 3 个以内 6 米和 12 米集装箱拼接时，在紧密相贴且完全利用箱体长度的条件下，会产生几十种不同平面特征的建筑组合空间，涵盖从 27.6 至 83.6 平方米，六种不同大小的建筑面积，具有较强的适应性（图 1）。箱体的水平拼合不仅仅限于箱体长度方向平

6 米长的箱体拼接

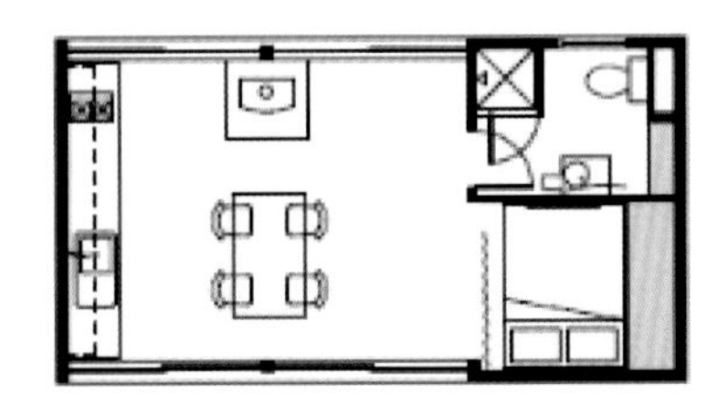

6 米集装箱 +6 米集装箱 =27.6 平方米

12 米长的箱体拼接

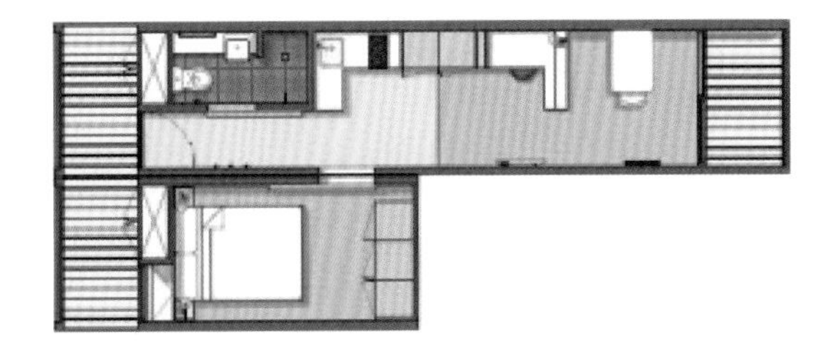

6 米集装箱 +12 米集装箱 =41.7 平方米

20 英尺箱体拼接

40 英尺箱体拼接

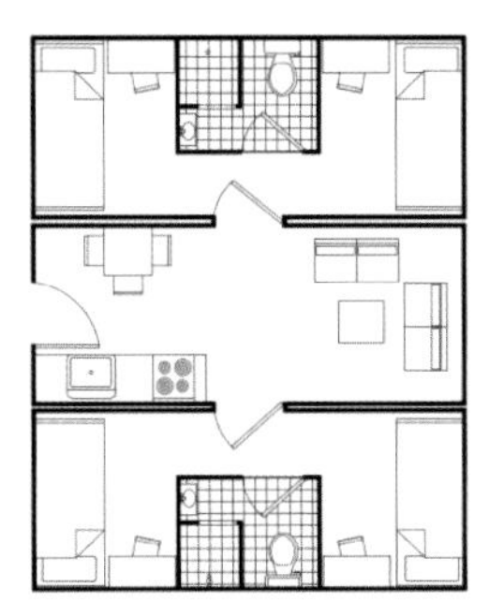

6 米集装箱 +6 米集装箱 +6 米集装箱 =41.4 平方米

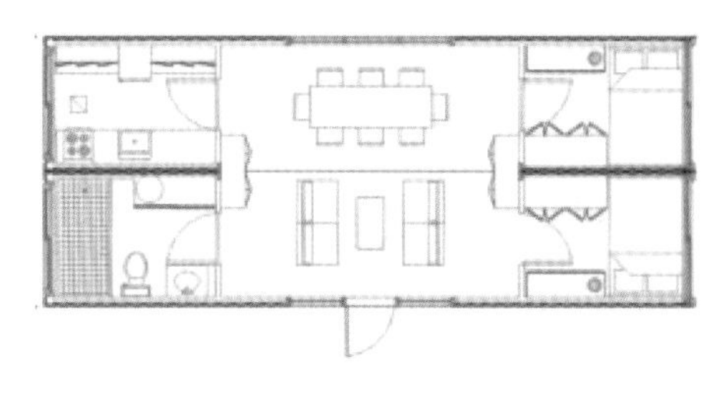

12 米集装箱 +12 米集装箱 =55.7 平方米

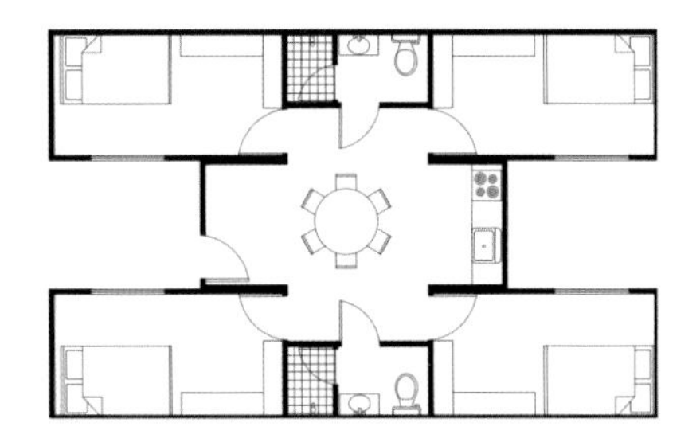

6 米集装箱 +12 米集装箱 +12 米集装箱 =69.5 平方米

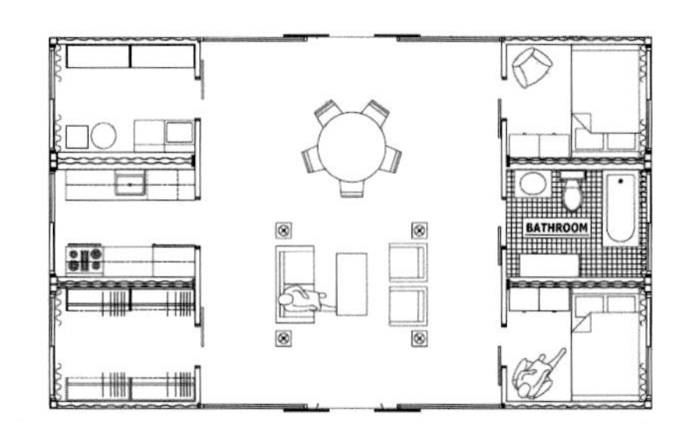

12 米集装箱 +12 米集装箱 +12 米集装箱 =83.6 平方米

图 1. 6 米集装箱与 12 米集装箱拼接构成面积扩展

行拼合、垂直拼合，还可以对箱体进行改造，创造出更多种类的拼合形式。同时，箱体的拼合也不仅仅能用于单层建筑，还可以适用于复杂集装箱建筑的功能空间构成。

1.1.2 附加结构的拼合设计

箱体在水平方向拼合时通过附加结构，可以形成新的空间，扩大箱体适应高度、宽度方向空间需求的能力，增加了建筑物理性能、甚至结构及构造方面的适应能力。位于哥斯达黎加被称为“竹屋”的集装箱建筑，采用两个 12 米集装箱以及中部的钢结构拼接而成，中部钢结构与集装箱箱体在地面处接平，在屋顶处高出箱体顶面利用升起的高窗进行通风采光。高窗顶面的材料使用集装箱箱体切割下的废材。整个建筑不使用空调设备而使用被动通风，利用自然通风来满足对室内舒适度的要求。

斯坦科·保罗自己建造的自家住宅，通过两个水平放置的 6 米的集装箱和中央木质的附加结构构成。木质附加结构的角柱落在集装箱箱体顶面，屋顶斜向箱体侧部排水，并在侧板的地方附加胶合板、预制门窗等设备，形成木质盒子空间，与集装箱融合为一体。两个箱体中间的间隙空间作为起居空间加以利用，集装箱内作为卧室、储藏、卫生间等空间。同济大学参与美国太阳能十项全能大赛而设计的参赛作品“Y”形集装箱实验性住宅，由 6 个 6 米集装箱装配改造而来，每两个箱体作为一组，三组箱体之间成 120 度排列，组成“Y”字型的平面布局。中间剩余的三角形区域使用玻璃和钢结构拼合完成。

1.2 垂直拼合设计

1.2.1 上下箱体平行对齐放置

集装箱上下箱体平行放置是垂直拼合最常见的方式，在这种拼合方式中，力的传导最为快速便捷，有利用于模块化的结构特点的发挥。通过两箱体、三箱体甚至多箱体的上下平行对齐方式（图 2），可以建造出各种以单箱体尺寸

图 2.

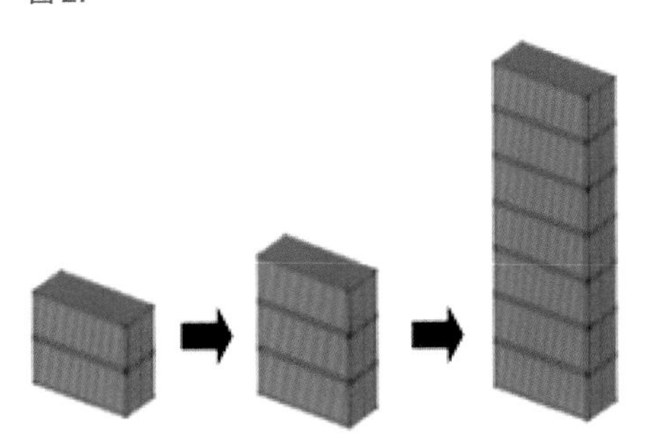

集装箱上下箱体平行放置

为模数的集装箱建筑物。作为上下箱体放置的高度模数，单个箱体高度为 2.59 米。据此可以方便地推算出两箱体的建筑高度为 5.18 米，三箱体建筑高度为 7.77 米，乃至多箱体垂直拼合建筑的大致高度。在日本横滨港口的一体式集装箱海滨公寓单体采用了两箱体上下重叠放置的方式进行组合。入口处设置在底层中部，客厅为两层通高的公共空间，底层布置客厅、入口、卫生间等功能区域，二层布置卧室。箱体与箱体之间通过对位的四个角用螺栓固定，再与基础的混凝土底板连接，形成可以拆卸可再生利用的集装箱建筑。位于新西兰的 Stevens 集装箱住宅，由 ROSS STEVENS 设计并建造。他使用 3 个 12 米标准钢制集装箱竖向排布来安排空间，同时利用箱体与山体之间的空间来增加其使用空间。底层为钢结构框架构成的停车库，上部为三层集装箱叠加放置，在临近山体部分设置了直跑楼梯及平台至集装箱二层。整个建筑充分利用了集装箱与山体间的剩余空间，并结合集装箱进行了空间布置。

苏黎世 Freitag 旗舰店是箱体竖向构成的典型代表。整个建筑由 17 个 6 米废旧集装箱拼合而成，中央楼梯间垂直方向由 9 个集装箱叠加，总高度达到 21.2 米。底部两层采用每层 4 个集装箱，中部两层采用每层两个集装箱，上部五层采用每层 1 个集装箱叠放而成。通过由下到上箱体数目逐级退台来达到稳定的形态。在功能构成中，入口设置在北侧的四个集装箱处，将四个 6 米集装箱去除掉了相邻的金属侧板，形成高 4.7 米，宽 4.7 米的大空间，作为服务台、展示区及门厅使用。南侧垂直分区的四个集装箱为 1、2、3、4 层的产品陈列室；楼梯间设置在 9 层的塔形结构内，解决垂直交通问题；在楼梯间塔形顶端设置了一个瞭望平台，作为观赏苏黎世景观的一个窗口；另外在室外紧贴南侧外墙处设置了一组逃生梯。（图 3）

由于苏黎世 Freitag 旗舰店的预制拼装式结构，结构整体性较弱，因此较高重叠高度的垂直叠加属于一种较为特殊的组合形式。在楼梯间塔形结构下部拆除了房间内部的集装箱金属波纹侧板，为了补足后强度又在拆板的部位增加了补强结构。在集装箱与集装箱之间进行了焊接，同时在外部设置了拉杆以增加强度。有趣的是，最近这栋建

图 3.

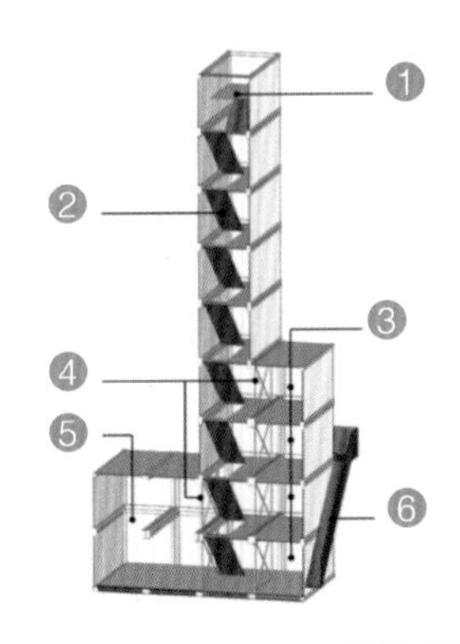

1 观光平台
2 直跑楼梯
3 四个展示空间
4 加强架构
5 入口门厅
6 室外楼梯

Freitag 旗舰店箱体构成示意图

图 4.

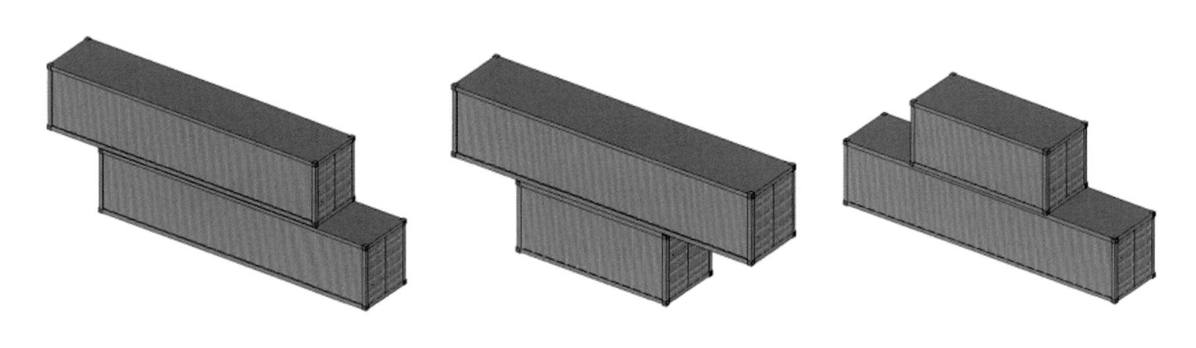

上下箱体平行错开放置基本构成方式

筑在一、二层新拼接了两个集装箱，在短时间内增加了使用面积，扩大了建筑规模，并与原来建筑完美融合。这样的生长能力是其他建筑形式所达不到的。

1.2.2 上下箱体平行错开放置

上下箱体平行错开放置是垂直方向拼合的常见形式，可以增加建筑室内空间的高度，并对建筑进行垂直分区，增加功能适用性。与对位拼接不同的是，上下箱体平行错开放置箱体角柱无法对位。这种方式有三种基本的构成方式（图4），第一种，上下箱体为同等大小，通过错动上面箱体发生悬挑来扩展出灰空间及室外平台；第二种，箱体上长下短，上部箱体集装箱箱体无法与下部箱体角柱对位，或者只有一个角柱能发生对位，由此产生上部箱体的悬挑；第三种，上下箱体上小下大，由此产生了上部的室外平台。同时，这三种构成方式依据错开的位置不同，又可以演化出更多的变化和组合，客观上增加了此类组合形式的可能性。

图 5 所示的三个 6 米集装箱进行上下平行错开组合，竖向交通通过室外直跑楼梯进行组织，在每层的室外平台处进入箱体空间。箱体内部可以水平布置功能空间，相当于单箱体最简洁的垂直积累，这是上下箱体平行交错放置的最基本形态。由 LOT-EK 设计的位于波士顿海滨码头的 Puma City，使用了三层共 24 个 12 米标准集装箱，每层由两组集装箱组合而成。从立面上分析，上下层之间通过错开放置形成 5 个灰空间，入口即放置于底层中部的灰空间内，通过室外和室内的楼梯进行垂直交通。利用箱体盒子结构的结构优势，进行箱体大悬挑的造型处理，形成了纯粹而震撼的后工业时代建筑形象。Meka 公司设计的独立别墅由四个 12 米集装箱组成，箱体之间进行上下平行交错式搭接，外部使用了竹材饰面板作为外立面材料使用。通过上下交错的方式，在首层获得了室内外空间交融的

图 5.

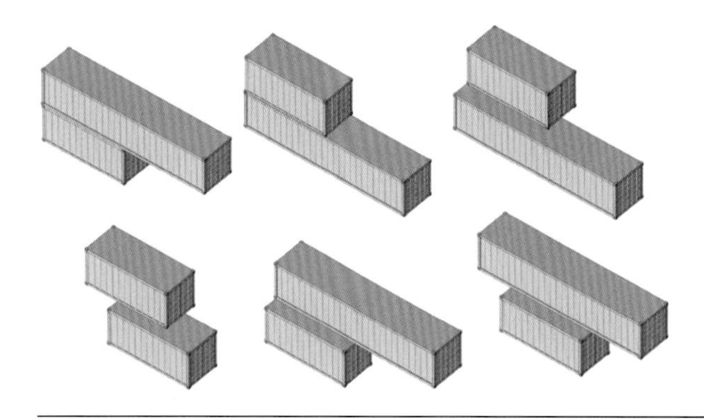

上下箱体平行错开放置演变的组合方式

图 6.

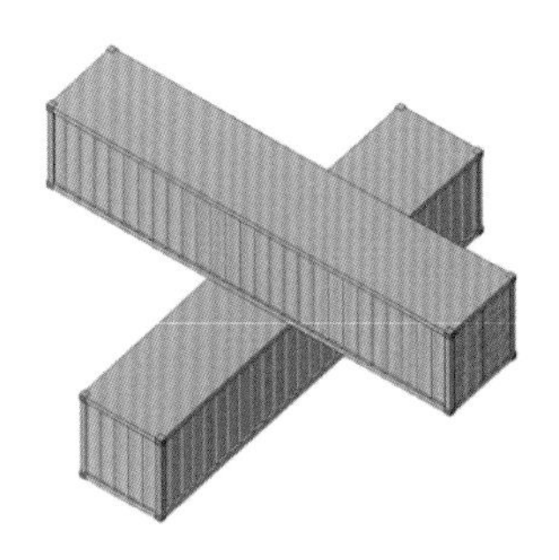

上下箱体垂直交错放置

灰空间，在二层获得了一个屋顶平台，使得建筑的空间丰富性大大增加。在上下箱体平行错开放置方式中，常常需要将几个箱体进行拼接，通常需要拆除相邻箱体的侧面金属板以扩大室内使用面积。此时需要对箱体进行加柱处理。

1.2.3 上下箱体十字交错放置

在箱体的垂直拼接过程中，十字交错放置方法是另一种创造箱体空间的方式，可以创造出更丰富的造型（图 6）。在上下箱体十字交错放置时，如果需要室内解决竖向交通，有两种交通组织方式。一种方式为两个独立箱体进行简单叠加，再通过室外楼梯解决竖向交通，此时通过楼梯进入一层箱体顶部即二层室外平台再进入二层箱体。另一种是在箱体投影的重叠部分进行安排楼梯。通过错动移位，十字交错放置可以演变出以下几种构成合方式（图 7）布列塔尼集装箱住宅，使用了上下箱体垂直交错，二层箱体与首层之间形成悬挑构成。上面出挑的箱体为卧室，下面的两个箱体为起居和就餐使用（图 8），竖向交通在箱体内布置，是出于结构安全性考虑。在上下箱体相互垂直错开放置的方式中，若拆除侧钢壁板，则需要对箱体进行加柱处理。图 8 分别代表上下箱体错开的相对位置不同时需要加设的钢柱位置，红色虚线为附加钢柱。

1.2.4 上下箱体共同构成大跨空间

上下箱体共同构成大跨空间（图 9），上部为横跨在两端的单箱体，下部由两箱体或垂直叠加的多箱体承担，通过这种方式形成下部较大跨度的覆盖空间。在大跨构型中，当使用不同的箱体，进行不同的拼接方式时，下部形成的空间跨度也不同。通过这种大跨构型，可以构成从简单的上下拼接建筑到大跨空间各种建筑空间（图 10）。当上部箱

图 7.

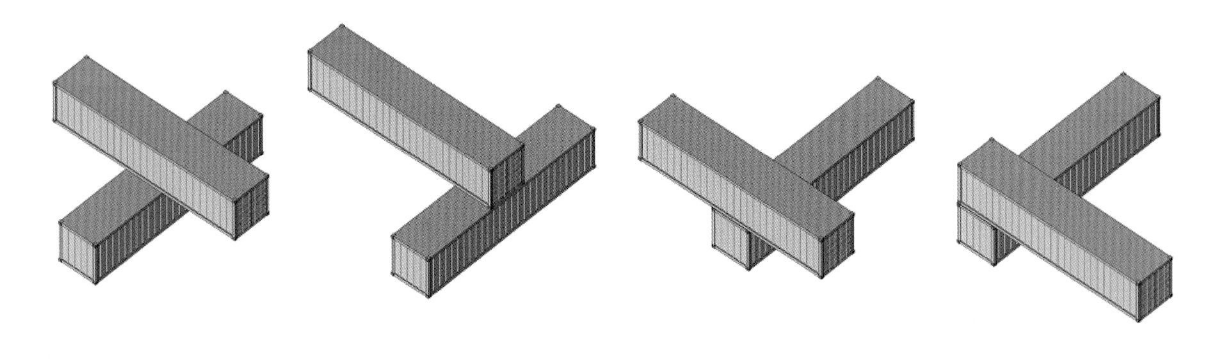

上下箱体十字交错放置演变的组合方式

图 8.

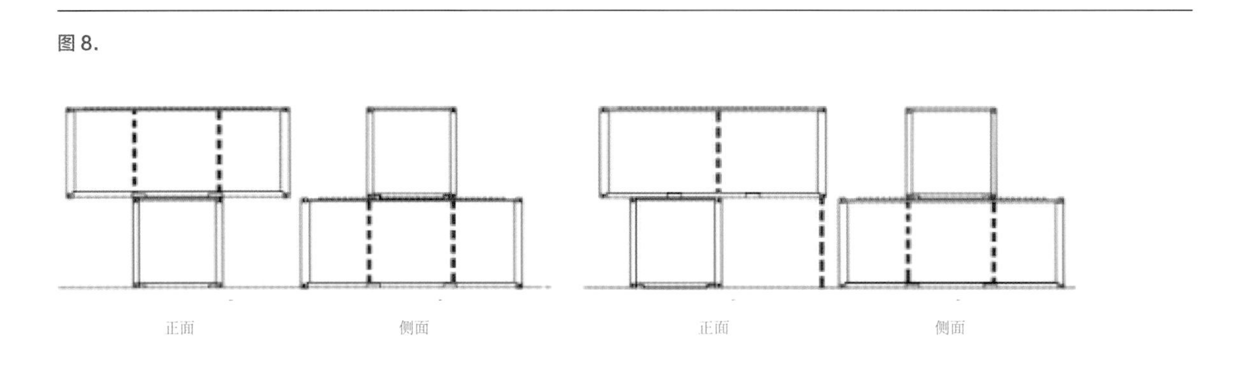

上下箱体相互垂直错开的加柱方式（依据《构建多层集装箱改造房的方法及确保其安全性实用公式推导》改绘）

图 9.

上面集装箱尺寸		拼接方法	跨度净宽	总宽
6 米	A	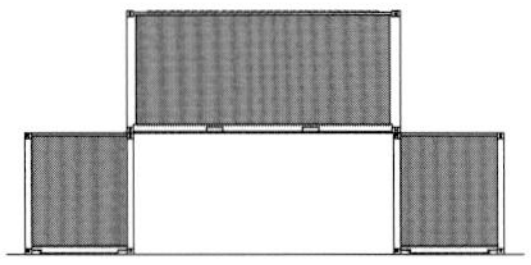	6 米	10.6 米
	B	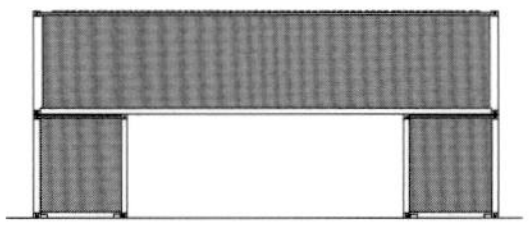	7.3 米	12 米
12 米	C	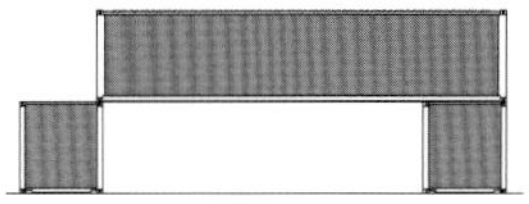	9.8 米	14.6 米

上下箱体共同构成大跨空间

图 10.

上面集装箱尺寸		拼接方法	跨度净宽	总宽
6 米	A	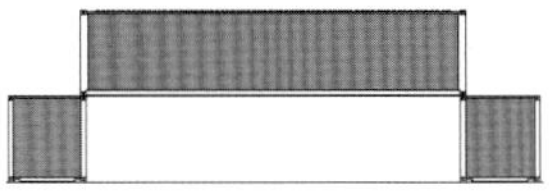	11.6 米	16.4 米
	B	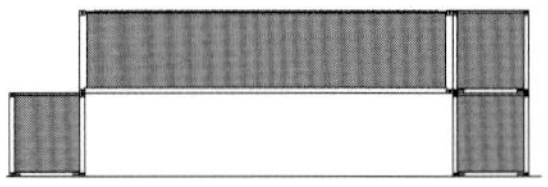	7.3 米	12 米
12 米	C	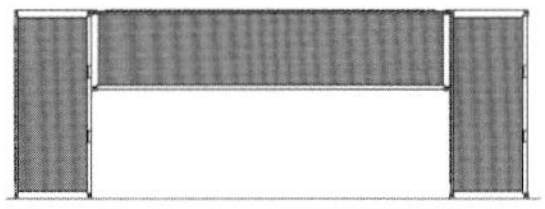	9.8 米	14.6 米

上下箱体共同构成的各种跨度空间

图 11.

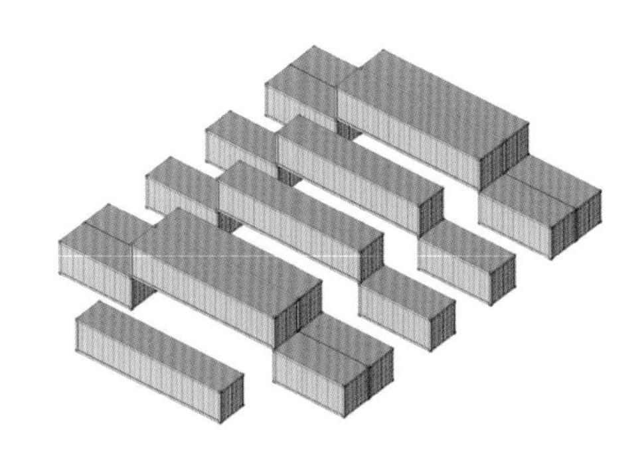

Bernardes Jacobsen 集装箱美术馆及构成示意

体使用 6 米集装箱箱体时,跨度可以调整为 1.2 米和 6.0 米;当上部箱体使用 12 米集装箱箱体时,宽度可以调整为 7.3 米和 12.0 米，依据不同的功能需要选择相适应的跨度和建筑宽度。需要值得注意的是，在图 10 中 F 栏与其他各栏的构成方式是不同的。在 A-E 栏所示的大跨构成方式中，上部箱体可以与下部箱体角柱对位或直接放置于下部箱体上。而在 F 所示构成方式中，上部箱体正好卡在两侧箱体之间，传力路线复杂，往往采取焊接、锚固的方式固定与侧面箱体，或者在侧面箱体预先焊接钢制牛腿用于搁置上部箱体。

Bernardes Jacobsen 集装箱美术馆，为两层的半开敞式集装箱公共建筑。如表 5.2 中 E 栏所示，Bernardes Jacobsen 集装箱美术馆上层使用 12 米集装箱，下部箱体使用 6 米集装箱，上下箱体共同构成大跨空间。共 6 品大跨空间错开放置，组成拥有大量灰空间的通透室外空间（图 11）。在快速建造生态系统 Quik Build Ecosystem(QBE) 中，设计师采用上下箱体大跨式拼合构成建筑单元单体。

1.2.5 上下箱体成斜角放置

上下箱体成斜角放置是一种较为少见的集装箱箱体构成方式。虽然斜角放置不符合箱体模块化组合的模数关系，在拼接构成的时候需要对箱体进行结构、空间上的特殊处理，但是箱体斜角放置却可以显著的增加箱体在应对功能、空间和外界环境需求时的适应性。处理好上下箱体进行适当的角度调整、空间处理。上下箱体成斜角放置其形态构成主要取决于箱体之间的相对位置关系。上下两箱体相对位置受箱体固有受力特征约束，在受力特征上大致可以分为角柱对位与角柱不对位两种。(图 12) (b) 图为两对角线上的角柱上下对位，这样竖向荷载便可以通过角柱向下传递；(a) 图虽然没有角柱对齐，但因为相对位置接近，受力较为合理；(c) 图为一个角柱上下对位；(d) 图为无角柱对位的自由组合。一般情况下上下箱体斜角放置，都需要在箱体下部设置附加钢梁，用以找平箱体交接处的高

图 12.

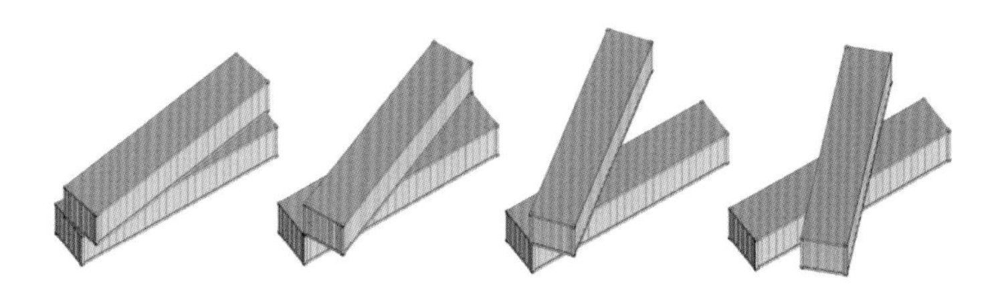

上下箱体垂直相交的大跨式构型

度差，并减小相接部分应力集中，在某些情况下附加钢梁还可以作为箱体悬挑部分的挑梁使用。ECO-Cargo 集装箱住宅使用了上下箱体斜交的构成方式，在构成中使用了 (b) 图的构成方式，对角线上的角柱上下对位。首层布置有门厅、书房、浴室等空间，二层布置卧室、餐厅等空间。竖向交通在箱体室内水平投影重合的不规则空间内解决。在此建筑的设计中，将箱体二层中的室外平台使用其他材料包裹起来，将其也作为室内空间加以利用。

1.3 综合拼合设计

集装箱改造建筑在改造过程中，往往会同时利用水平拼合和垂直拼合进行多种方式的拼合，创造比较复杂的独立建筑，因此这种类型的集装箱建筑会产生更丰富的空间和造型。集装箱建筑的综合拼合主要有以下几种方式。

1.3.1 箱体和其他结构共同配合的组合设计

当集装箱箱体在用于建筑结构过程中，还可以通过附加其他建筑配件，以增加对复杂空间及多样性空间需求的适应能力。Adriance 集装箱住宅位于美国缅因州北部，是由一个大型外部结构内部放置 12 个 6 米集装箱构成。在构思上，设计师试图使用透明的玻璃外壳包裹住中央的公共空间，这部分公共空间同时也由集装箱箱体围合，而住宅的居住部分则在集装箱箱体内。在结构上，由集装箱箱体作为大型外部结构的竖向支撑，外部的结构仅通过短柱支撑于箱体上。整个建筑面积接近 4000 平方米，并配有挑高的开放式车库门，在车库门打开后可以让建筑室内和户外空间融为一体（图 13）。由 ecotechdesign 建筑事务所设计的 hybrid house 生态住宅，建造于洛杉矶的荒漠地区，使用回收的集装箱进行模块化建造。整个建筑中包括管线铺设、水暖设备安装、浴室厨房改造等均为在洛杉矶预制完成，再由卡车运送到现场进行组装拼接。

1.3.2 箱体为主要结构体的大型建筑

由 MWBa 设计事务所设计并建造的福克斯公寓，使用 9 个 12 米高柜集装箱和 1 个 6 米高柜箱集装箱作为主要结构构件。由三层箱体垂直叠加，组合为两组单元，两组单元之间间隔 1.2 米。间隔部分使用混凝土、玻璃等构件来增加室内的空间。整个建筑包括首层 110 平方米的车库空间，以及二三层共计 228 平方米的家庭起居空间。通过附加钢结构来建造平台、阳台、楼梯等设施，并通过荷载计算保障了安全。2005 年建成的挪威奥斯陆 GAD 当代艺术馆，是由挪威 MMW 建筑师事务所设计。基于半永久性、可移动建筑的设计观点，GAD 当代艺术馆采用模块化的组装建造方式，使整个建筑可以在几天之内进行拆卸重组。

GAD 当代艺术馆使用 10 个 12 米标准海运集装箱建构而成，其中底层为三个平行紧贴的集装箱；二层为三箱体，一个平行于底层的集装箱，两个呈悬挑状，并环绕出入口平台。通过钢制直跑楼梯引导人们进入二层入口平台；三层在下部悬挑状箱体端部设置有两个集装箱。箱体间的相互交错叠加，使得建筑脱离了传统封闭盒子的束缚，并

图 13.

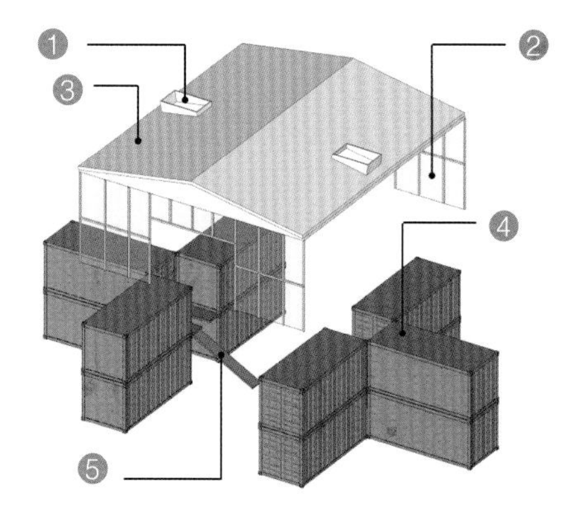

1 采光口
2 玻璃幕墙
3 轻钢屋面
4 6 米集装箱箱体
5 附加钢楼梯

Adriance 住宅构成示意图

图 14.

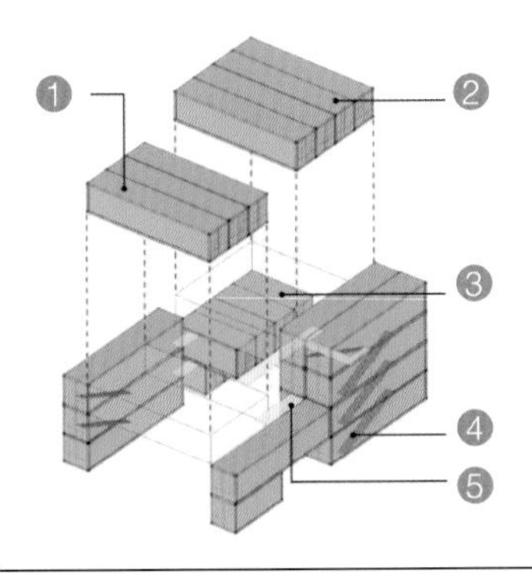

韩国首尔 Platoon 多功能艺术中心箱体构成

提供了大量的灰空间供室外集散使用，建筑性格更加的外向和开放，将艺术馆变成了表情丰富的游乐场所。由 distill studio 设计的美国罗德岛 box office 办公楼是由 32 个废弃回收来的集装箱改造而成的，设计有共 12 套办公空间。整个建筑共分为两个部分，均为三层建筑，中间由两层天桥连接起来。建筑外立面造型上两部分基本一致，互为镜像。在主入口部分，钢制直跑楼梯直上二层平台，再由二层平台进入三层；二层平台顶部设置遮阳金属雨棚；雨棚上部为太阳能板，为整个建筑提供能量补充。通过叠加，悬挑等多种方式，充分表达了集装箱建筑的模块化、工业化建筑特征。

1.3.3 围合大型内部空间的组合设计

1. 箱体作为大跨结构

依据图 10 所示，12 米标准集装箱的跨度可以为 7.3 米至 12 米，可以满足一般建筑到大跨度建筑的各种功能空间需求。韩国首尔 platoon 多功能文化中心由 Graft 建筑事务所设计，建成于 2009 年。建筑由 28 个 12 米长的集装箱经过切割、加固重新构成。在设计中集装箱起主要结构作用，顶部由 12 米集装箱作为屋面结构，如表 5.2 中 E 栏所示，顶部箱体跨度约为 11.8 米。在箱体内部使用了切割后长 6 米的集装箱箱体悬挑布局，作为功能用房利用，另外还在室内增加了局部钢结构的挑板作为交通走廊使用。在顶部集装箱空隙处使用双层玻璃作为采光天窗（图 14）。

韩国光州美术馆总建筑面积为 1019 平方米，由 25 个 12 米标准集装箱和 4 个 6 米标准集装箱组构而成。构成大跨的箱体构成如图 10 中 C 栏所示，中心大空间跨度为约 9.8 米、长 8 个集装箱宽度（约 19.5 米），高两层集装箱（约 5.1 米）的大型开放空间，可以满足电影放映、展览等各种功能的使用。其中，顶层作为大跨结构的 12 米集装箱同时作为单元房间使用，并使用集装箱在室外围合出院落空间。（图 15）

图 15.

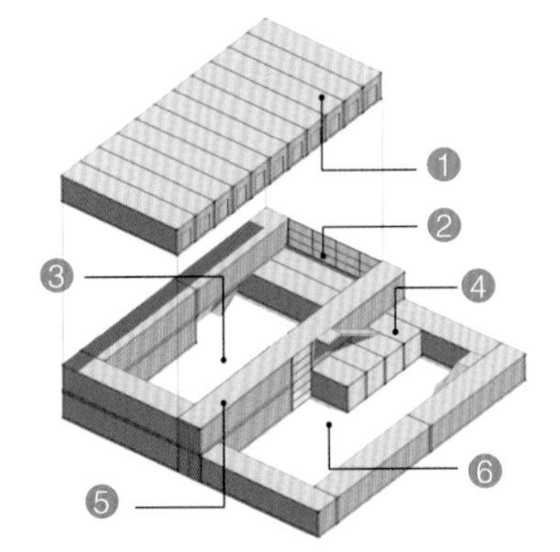

韩国光州美术馆箱体构成示意图

图 16.

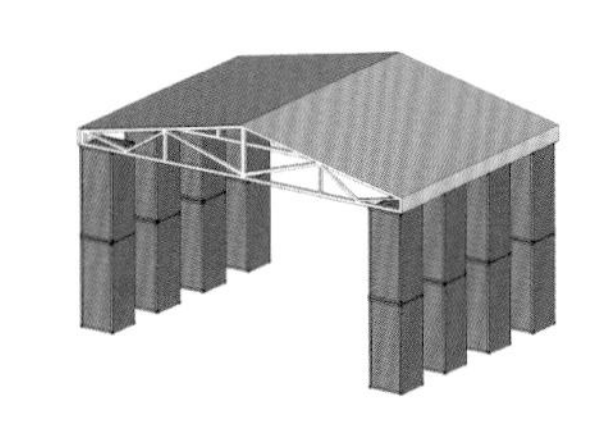
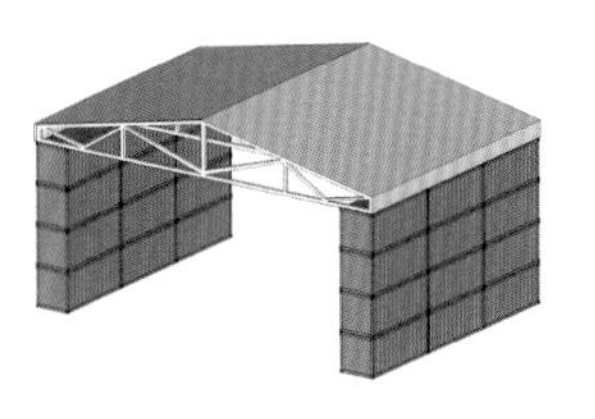

箱体作为大跨结构两种构成方式

2. 箱体作为大跨结构的竖向支撑

箱体作为大跨结构竖向支撑，是利用箱体的模块化组合构成方式，用简易快捷的箱体组合来代替传统结构的立柱支撑，这样可以方便的进行模块化的施工，并且减少立柱基础施工。在使用大跨结构竖向支撑时，箱体有水平放置和竖立放置两种构成方式（图 16）。德国汉堡邮轮中心（Cruise Center）建成于 2004 年，使用三层集装箱作为室内大空间的竖向支撑结构和围护结构。整个建筑长度为 67.09 米，宽为 23.1 米，建筑面积为 1590 平方米。大跨结构的跨度为约 18.3 米，即 3 个 6 米集装箱的长度。顶部使用桁架结构，并使用了透光材料，在夜间灯光照亮顶部，显现出独特的建筑气质。

游牧博物馆是世界最大的移动博物馆，由日本建筑师板茂设计。博物馆在箱体构成方面使用 6 米集装箱箱体作为大跨结构的竖向支撑，箱体构成显水平放置，并抽掉间隔箱体形成错落的构成形态。游牧博物馆由三个部分组成：使用集装箱错落构成，并用薄膜材料倾斜覆盖镂空部分的“墙体”；覆盖了薄膜材料，并由铝质桁架作为龙骨的大跨度“屋顶”；长 10 米直径 740 毫米的纸管柱作为屋顶支撑的“柱子”。纽约游牧博物馆使用了 148 个集装箱，共 205 米长，内部有着画廊、电影院、博物馆和商店，面积为 5300 平方米，建设周期为两个月。可以通过增加箱体来延长建筑的长度、增加面积。

2 重复性箱体的组合设计

集装箱箱体作为重复性元素的组合设计，是指使用一个个独立的集装箱箱体单元作为建筑的空间和功能要素使用，这种箱体单元在同一个建筑中使用功能基本类似，排置方式基本相同，由独立的集装箱箱体单元重复拼合的构成设计。箱体单元室内空间布局对重复性箱体建筑的组合方式有很大影响，前文介绍了在不同平面布局时箱体单元的开窗开门位置以及相应的拼合可能。在构成重复性箱体的拼合过程中，箱体的拼合方式和与之相适应的交通组织逻辑发生动态适应。由此可见，变化箱体的利用方式及其拼合方式也有可能会随之改变，相应交通组织逻辑也会相应改变。因此，重复性箱体的组合设计便是对箱体内部平面布局及交通组织方式的适应性调整过程，这构成了重复性箱体建筑的基础。

2.1 外走廊式构成

外走廊式的箱体组合是最常见的组合方式，由于不用对箱体进行额外的分隔、破拆、裁切，最符合整体预制装配的结构概念。外走廊式布局可以有多种方式进行箱体布局。图 17 所示外走廊式的箱体组合方式中，箱体与附加结构之间主要有三种构成方式。(a) 中所示，箱体通过裁切拆除一端的部分侧板，并设置附加的墙面，在不需要额外结构支撑的条件下，形成了在箱体内部的交通走廊；(b) 中所示，使用附加的走廊及竖向支撑结构，构成了通达每个箱体单元的交通走廊，这种方式对箱体破拆改动最小；(c) 中，箱体显竖立放置，每个单元空间室内的楼板、交通空间以及一部分竖向支撑为附加结构。

图 17.

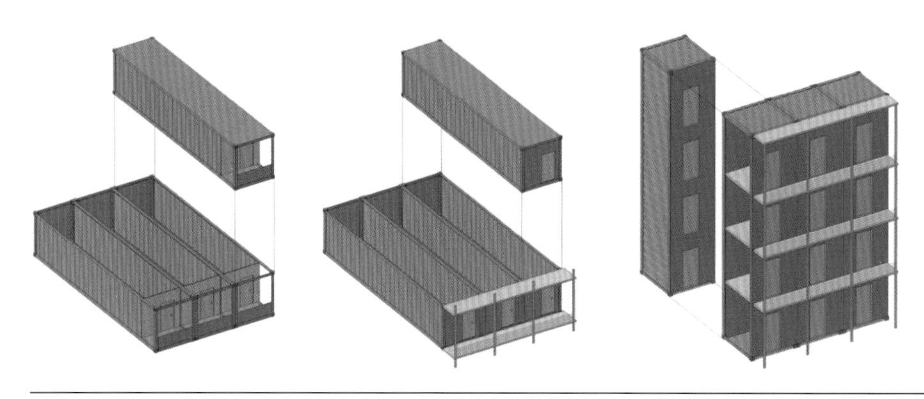

外走廊式箱体及交通构成示意（黄色为附加结构，蓝色为原箱体结构）

位于荷兰的 Keetwonen 学生宿舍是世界上最大的集装箱建筑群，共拥有 1034 个独立的集装箱箱体单元，总建筑面积达到 3.1 万平方米，由 5 层楼高的集装箱及附属设施构成。每个箱体单元内的独立卫浴室将长长的集装箱分隔成了厨房起居和卧室两大空间，其中睡眠休息区域、工作空间、阳台、整个墙面的窗户提供了室内良好的采光条件。每个单元室内拥有良好的隔音和保温隔热效果。

由绿色集装箱国际救援基金会协助援建的海地集装箱集合住宅，使用 6 米集装箱和 12 米集装箱错列排布。在南侧由 12 米集装箱出挑形成富有韵律感的建筑造型；北侧通过附加钢结构布置出通长走廊，建筑端部布置室外楼梯，进行交通组织。屋顶隔热坡屋面由短柱支撑于箱体上。形成富有特色的单侧外走廊集装箱建筑。

由日本建筑师板茂设计的日本女川应急住宅，采用 6 米集装箱堆叠组合，形成 3 层高的集装箱集合住宅。整个居住社区由 9 栋集装箱集合住宅组成，共使用 189 个 6 米集装箱。每栋集合住宅使用 24 个 6 米集装箱，通过棋盘格的方法将箱体两两错开，箱体内和箱体间错开的空间均加以利用，以布置室内功能。

位于堪培拉的澳洲国立大学 "Ursula Hall – Laurus Wing" 集装箱学生宿舍建成于 2010 年，由 Quicksmart 公司设计，整个建筑共有 6 层，包括 204 个预制的集装箱箱体单元。建筑内部户型有三种形式，由一种单间及两种套间构成。项目不设置独立的外部走廊支撑结构，而是在箱体一端拆除侧板，在拼接后自然形成外走廊交通空间，箱体另一侧则布置有凹入箱体内部的阳台。附加结构少，并采用预制箱体整体吊装的方式，建造建设周期短。

万科建筑研究中心集装箱宿舍是由建筑大师米克·皮尔斯设计，使用竖立放置的箱体，并结合附加走廊和楼板结构进行箱体利用、空间组织。这种构成方式充分利用箱体作为独立的竖向结构体，避免了箱体垂直叠加过高带来的结构整体性问题，同时避免了水平放置箱体纵向空间过长的问题。首先，每个竖立放置的箱体通过附加楼板分隔出四层空间，每层空间的面积大小为 2.34 米 × 2.38 米，合 5.57 平方米净使用面积，作为独立的卧室单元（图 18 中 c 图）；随后，每 4 至 6 个竖立的箱体组合为一个箱体组，在每层形成集装箱套间（图 18 中 d 图）；最后每组集装箱建筑套间成环状排列，并在围合出的环形空间内部设置环状外走廊组织交通（图 18 中 a 图）。

图 18.

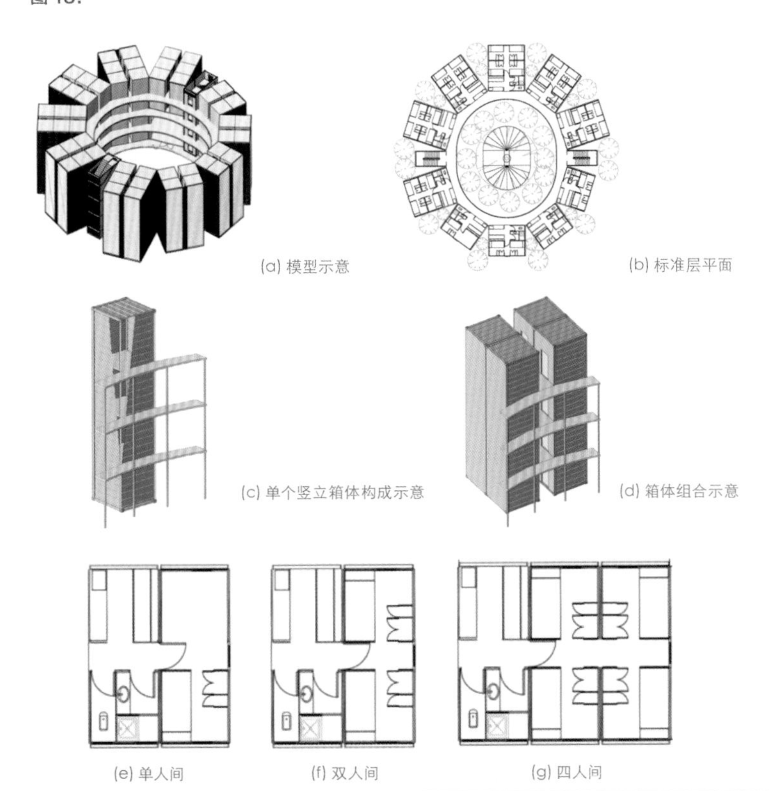

万科建筑研究中心集装箱宿舍

图 19.

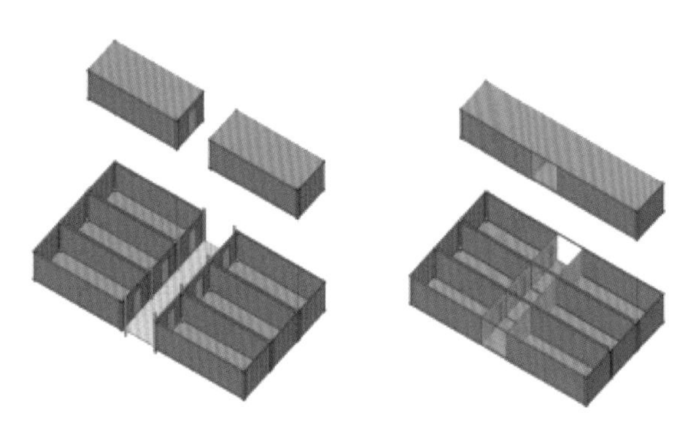

内走廊式箱体及交通构成方式

在平面构成上，由于单箱体的室内空间受到限制，因此在设计时将若干单箱体室内空间进行拼合，组合成适应不同人数居住需求的组合式集装箱套间（图 18 中 e-g 图）。同时为了适应给排水等功能和设施布局，不同的单箱体室内空间布置也不同，有的布置为卫浴空间，有的布置为居住空间等功能空间，上下对位。在形态构成上，箱体组与外部环形走廊上是使用外走廊式进行空间组织，在箱体组的内部，又是通过内走廊来组织每个单元的箱体空间。这种复合空间组织方式客观上起到了增强箱体功能适应性的作用。

2.2 内走廊式构成

使用内走廊式构成有两种主要的对箱体的利用可能性，一种是使用箱体内部空间分割出交通空间，另一种是使用附加结构，包括附加轻钢结构、混凝土结构或者横向放置的箱体（图 19）。内走廊式布局建筑的设计方式与外走廊

图 20.

	内走廊布置方式示意图	总进深	两侧房间进深
两侧箱体长度方向平行于走廊	走廊	6.9 米	2.4 米 /2.4 米
走廊使用 40 英尺箱体中部	走廊	12.0 米	5.0 米 /5.0 米
走廊使用附加结构	走廊	14.1 米	6.0 米 /6.0 米
走廊位于 20 英尺箱体内部	走廊	12.0 米	6.0 米 /4.0 米
走廊位于 40 英尺箱体	走廊	18.0 米	6.0 米 /9.9 米
走廊位于 20 英尺箱体中部	走廊	18.0 米	8.0 米 /8.0 米

内走廊式构成布局示意图

式基本相同，但减少了外走廊所需的附加结构。需注意的是，当使用两箱体拼接时，需要对箱体进行额外的支撑（图20）。阿姆斯特丹 qubic 集装箱学生公寓建筑群，于 2005 年建成，共设计了 715 套学生公寓。建筑共三层，每层在进深方向由 3 个 6 米集装箱组成，其中中部箱体中央为交通走廊和卫生间设施，分别与进深方向两端的居住箱体拼接，组成完整的单元套间。箱体固定在坚实的混凝土基础上，顶部为附加轻钢屋面，出挑深远的轻钢遮阳屋面由钢结构立柱支撑。在箱体的组合过程中，抽掉一部分集装箱箱体形成空中花园，并在每个箱体的外立面覆盖由有机玻璃及塑料制成的装饰面板，在造型上形成丰富的表情。2009 年建成的尼日利亚 Yenagoa 酒店通过使用集装箱建造技术，在雨季间隙不利施工的条件下短期建造完成。建筑四层，中央为入口空间，两翼的客房空间为集装箱预制结构。由 Tempohousing 公司设计，共使用 168 个 12 米集装箱，采用内走廊式的交通组织方式。建筑进深方向为 12 米，中间为箱体破拆分隔出的走廊空间。酒店分为 144 个 26 平方米的标准套间及 12 个 52 平方米的总统套房。套间内为两个相邻的集装箱拆除侧板拼接而成。位于荷兰的 NDSM 集装箱宿舍群（图 21）共使用了 380 个 6 米集装箱。箱体分为红色、白色、蓝色、橙色四种，通过随机布置来丰富立面。

2.3 非走廊式构成

由 Emilio ugart 设计的智利托科皮亚 Proyecto 集装箱住宅为五层建筑，由中央开敞楼梯间进行交通联系。建筑为一梯两户，箱体入户采用侧入式。单元套间由一个 12 米箱体和一个 6 米箱体拼合而成，套内面积为 44 平方米。在设计中将 6 米集装箱与 12 米集装箱交错布置，并将 12 米集装箱进行悬挑，出挑的箱体端部箱门改造为阳台，箱体顶部作为上一层户型的室外露台使用。充分利用箱体整体盒子结构的特点，使箱体的悬挑长度达到 6 米，形成独特而震撼的视觉效果。

位于法国海滨的 Cité A Docks 集装箱学生宿舍，全楼设计为四层，共使用了 100 个旧集装箱。集装箱学生宿舍并没有采用通长的走廊进行布置，而是每层每 2 至 3 个单元套间共享一个竖向交通楼梯，通过梯间平台进入室内。这种方式特别适合于箱体中部入口的集装箱室内布局，并可以充分利用箱体端部进行采光，有效降低了单元套间之间的相互干扰。打破了一般宿舍建筑呆板的形象，显示出更加开放的立面形象和高品质的特点。

3 单元箱体建筑适应性设计案例及分析

3.1 单箱体室内平面模块化设计分析

当集装箱用于不同的功能属性使用时，室内平面功能模块有着不同的布局，由于住宅室内建筑功能主要由沐浴模块、如厕模块、洗漱模块、厨房模块、床、写字台以及各类贮藏空间组成。在这之，中沐浴模块、如厕模块、洗漱模块、厨房模块这四个部分受到管道构造的限制，在使用中无法移动更换位置，因此对室内功能布局起到制约影响。依据这四个部分的空间属性及入口位置，可以对集装箱室内平面做到定性分析。

图 21.

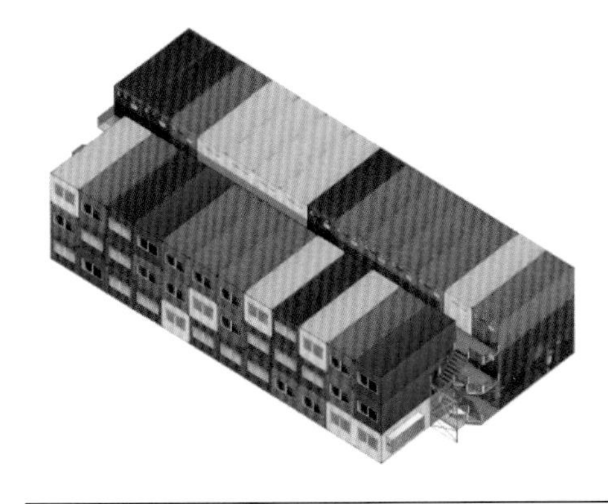

荷兰 NDSM 集装箱宿舍单体轴测图

图 22.

入口位置　　6 米集装箱平面布局　　拼接示意

入口设置在箱体端部

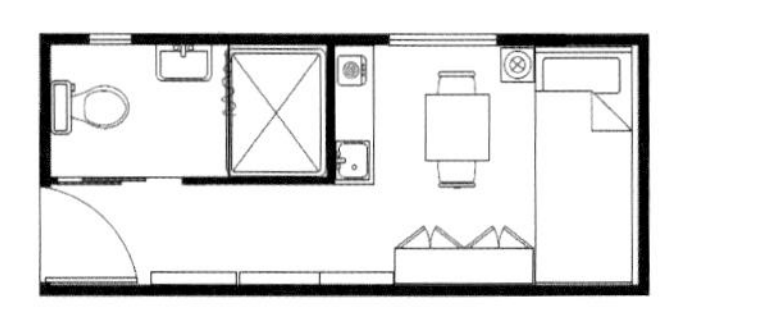

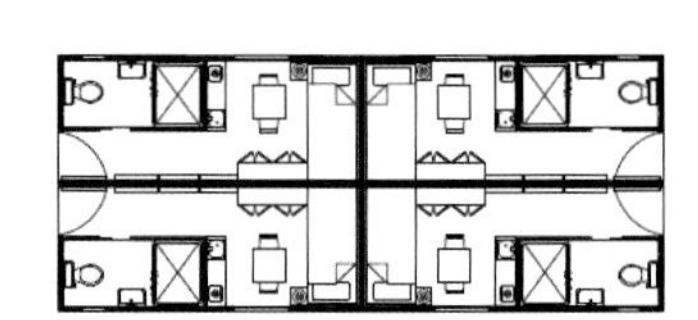

入口处设置独立小室作为厨房空间，从小室内进入卫浴空间，内部为独立而完整的居住房间，功能分区最为彻底。开窗位于箱体两端部，有利于左右拼接。

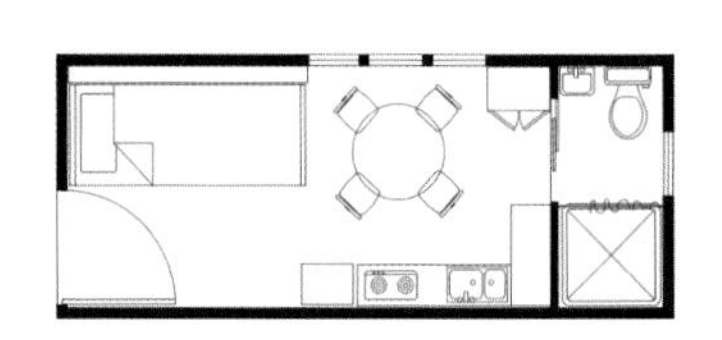

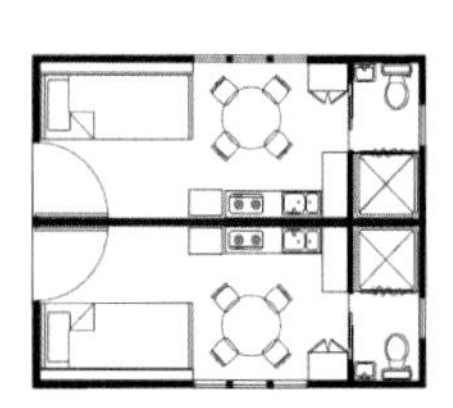

入口处为狭窄过道，厕所在过道一侧，可以获得较大的卫浴面积。简易厨房设置在卧室空间内，与生活有干扰。开窗位于箱体侧表面，不利于拼接。

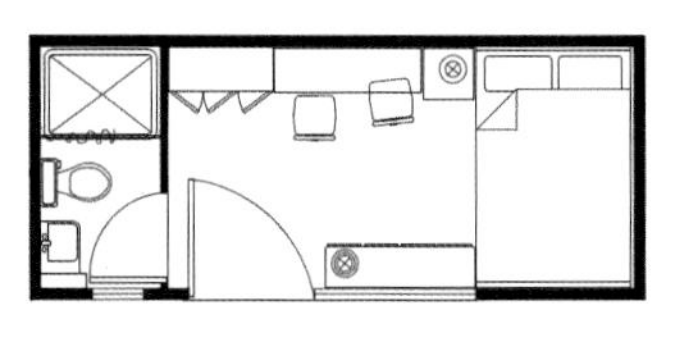

入口即进入起居空间，最大限度的产生居住空间。厨房位于起居空间内，对生活有干扰。箱体端部为卫浴空间。开窗开门分别位于箱体三个方向，不利于拼接。

入口设置在箱体中部

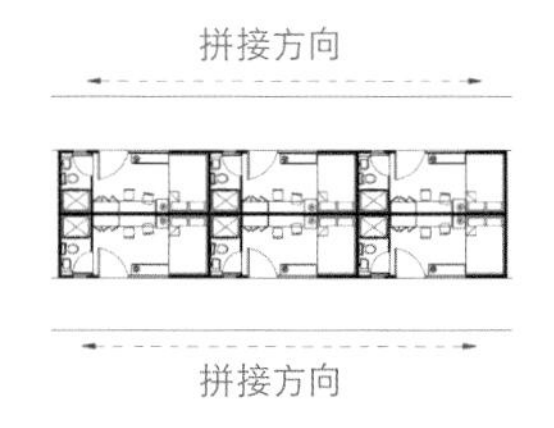

入口处面对主要起居空间，双人床布置于箱体端部，较之端部入口可以获得更好的起居环境。卫浴空间位于箱体端部。开窗与入口位于同侧，可以进行长度方向拼接。

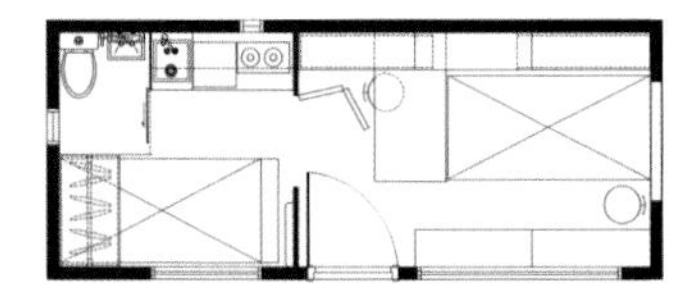

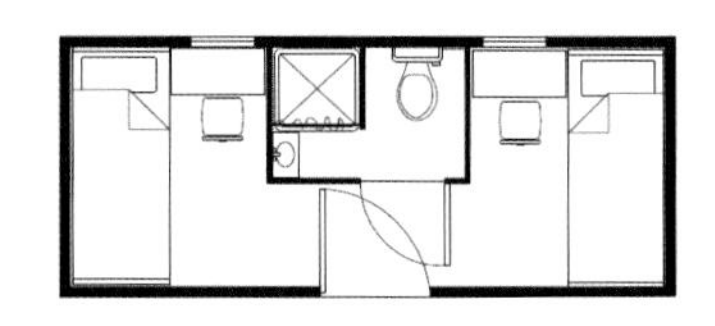

房间从入口处分为左右两个主次空间，中间有门进行分割。入口右侧为主要起居空间；左侧为次要居住空间，放置有单人床及卫浴、厨房空间。开窗与开门分别位于箱体四个方向，无法与其他箱体进行紧靠墙体的拼接。

入口位置	6 米集装箱平面布局	拼接示意
	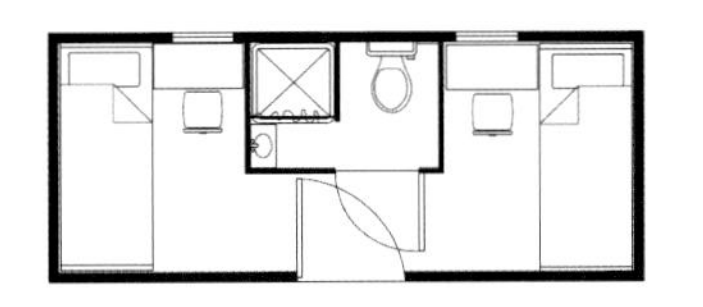	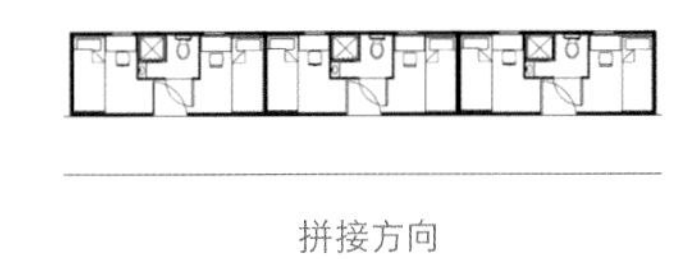 拼接方向
	中间卫浴空间将箱体分为左右两部分，各自均为均等的独立居住空间，可以分别使用互不干扰。开窗与开门位于箱体两个侧面，可以进行长度方向拼接。	

6 米集装箱住宅室内平面布局

下面以 6 米集装箱住宅室内空间为例，分别进行室内空间的布局统计与分析。从图表中我们可以得知：当入口设置在箱体端部时，将厨房或卫生间等固定设施设置在入口附近，箱体空间明显具有从公共到私密的空间性质，可以获得更完整的内部居住空间；如果将厨房或卫生间等固定设施设置在集装箱远离入口端，那么室内很难使用到箱体端部的采光，一般需要在侧面增加采光口以供室内照明。当入口设置在箱体中部时，可以在入口中部设置厨房或卫生间等固定设施，箱体两端获得的独立的完整空间可以作为两个独立用房或者进行有效的功能分区，例如设置两个独立的卧室空间或者将卫生间和卧室分别放置在两端进行分区。

美国 Stankey 小型集装箱建筑公司在其出售的 6 米集装箱中，将入口设置于箱体端部，并对箱体内部空间进行空间分区。在箱体设计中，将厨房设施和储物空间设置于箱体入口端部，并留出一条操作走廊，这个部分大约占据箱体一半的空间；将剩余一半的空间空出用于生活起居。在起居空间内，建筑的床、桌、椅均与墙体整合为一体，需要取用时将隐藏于侧墙的家具翻折下来。这种设计方式保障了集装箱建筑室内空间的完整性，同时也有利于箱体的标准化工业定制与多元化利用。

3.2 单箱体的空间扩展设计

集装箱单箱体建筑虽然有着使用灵活便捷、可以方便转运移动、适应能力强等特点，但是其室内的空间却避免不了局促狭小的限制，因此对集装箱进行变形、拉伸等方式的空间扩展，是增加箱体内部空间的有效渠道，增加集装箱建筑对于功能的适应能力。

图 23.

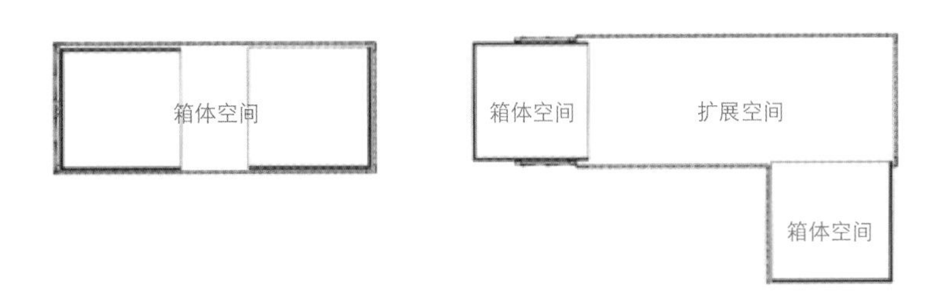

箱体伸缩式扩展示意图

图 24.

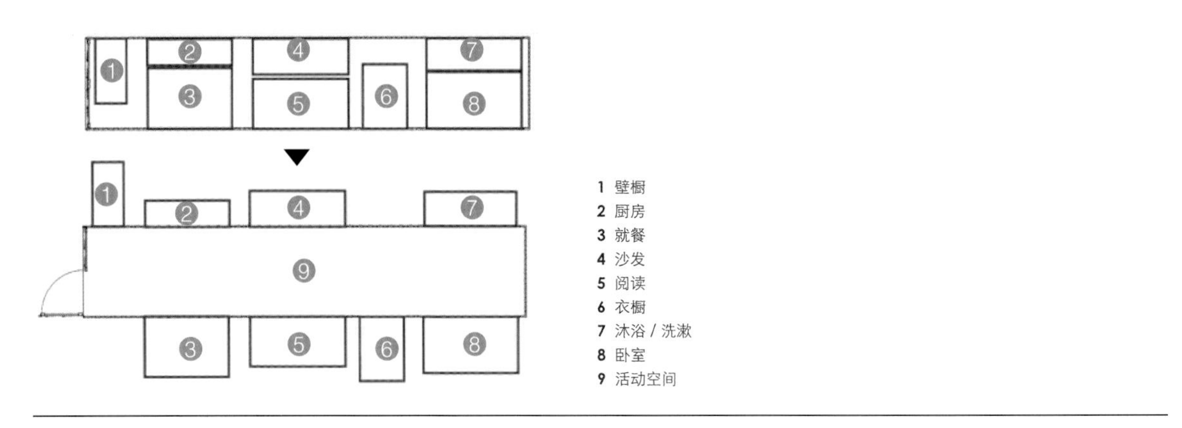

移动居住单元伸缩式扩展示意图

3.2.1 伸缩式扩展

加州理工大学设计并建造的集装箱建筑，可以通过延长箱体空间的方式来增加建筑使用面积。在标准的 6 米箱体扩展过程中通过打开集装箱的前端门，通过轨道拉出一个 2.4 米 × 2.4 米的内部空间，作为箱体的扩展空间使用；同时箱体侧面也设置开口，通过在侧面方向拉出的内部盒子，也可以增加箱内的使用空间。通过这样的伸缩式变化，原有箱体内 13.81 平方米面积被扩充为约 24 平方米，显著扩大了室内空间面积（图 23）。

LOT-EX 公司设计的移动居住单元，使用一个 12 米海运集装箱进行改造用作住宅使用。每个集装箱箱体内均包含有容纳各种功能模块的独立空间，如厨房、洗漱沐浴、睡眠、书橱等模块。在运输过程中，这些模块包容在集装箱箱体内，以便顺利的通过卡车、火车、轮船等运输工具进行转运。当到达目的地后，功能模块从箱体中滑移伸展出来。在使用过程中，各功能模块分类清晰室内中央为完整宽敞的方形空间可以进行各种活动在单箱体的条件下提供了尽可能大的室内空间。这种方式为集装箱箱体增加了 20.85 平方米的使用空间，实际的箱体空间较扩展前增大了近 75%。（图 24）

3.3 单元箱体空间利用案例及分析

集装箱单箱体也可以作为集装箱箱体拼合建筑及大规模集装箱建筑的基本单元进行使用。澳大利亚国立大学集装箱学生宿舍项目中，使用了 12 米的标准海运集装箱来作为建筑单元房间使用。每一个单箱体房间内设备齐全，包括有浴室单元模块、厨房单元模块电磁炉、微波炉、烤箱、大尺寸的单门冰箱、水槽、给排水管道、操作台面等设备物品；工作空间模块（有书架、书桌、椅子、宽带连接）休息模块（一张单人床、床下储藏空间以及衣柜等设施）。房间内还配备有暖气、电视、电话、等其他设施。同时为了户型的多样化，通过两个单元体连接扩大了单元空间对功能需求的适应性。箱体采用侧端临走廊一侧开门，将卫浴部分放置于入口附近，管道井临近走廊，便于维修管理；箱体中部为厨房设施和写字台，形成中间宽阔区域，并放置了一对小桌椅供就餐使用；在箱体远离走廊一端设置卧室空间，床上方为悬挂书橱；在箱体中间开辟的一小方阳台，能更大限度的让房间融入自然并起到遮阳作用。

由法国 olgga architects 事务所设计的“crou”集装箱学生宿舍方案，由 100 个废旧集装箱相互堆叠并适应性改造而成。在此设计中每个单元使用 12 米集装箱箱体，分别使用了端入式和侧入式两种布局。在端入式的集装箱箱体内部设计中，入口处为独立的用餐空间，布置有厨房设备和双人餐台；中部为厕卫与沐浴洗漱相分离的个人卫生空间，在卫浴空间紧邻侧箱壁布置有上下水的管井；随后充分利用进深方向采光较弱的特点，将壁龛式的睡眠空间布置在整个箱体最中间位置；在远端布置一个很大的工作空间，并通过落地窗带给室内充足的采光 。侧部入口式的箱体布局主要考虑给用轮椅的残疾人使用，所有的家具部品空间均紧贴在箱体一侧，尽可能扩大交通空间；入口正对厨房家电餐台，在入口的左侧布局有就餐空间、厨房用具以及一个特别宽敞且足够轮椅转向的卫生间；在入口右侧布局有写字台、书柜、以及紧贴于侧壁的衣柜，床位于箱体的一侧，并临近窗户。

图 25.

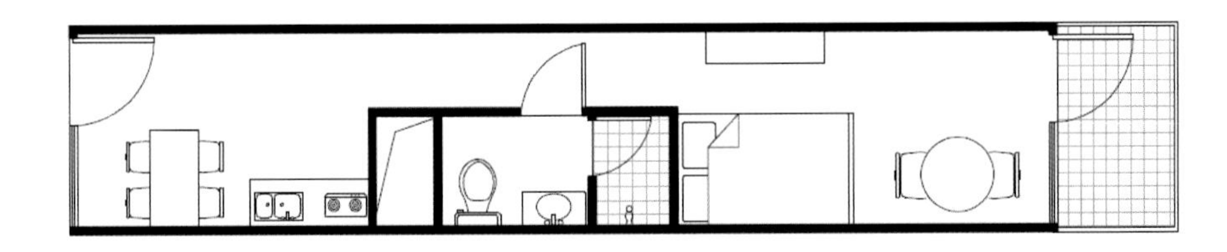

端入式单侧外走廊宿舍布置方式

图 26.

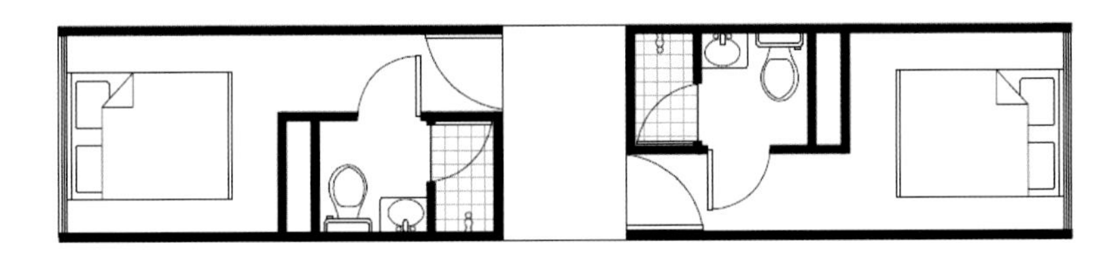

端入式内走廊宿舍布置方式

Temperhousing 公司设计了一系列集装箱建筑箱体单元。分别为内廊式、单廊式、双廊式三种类型。通过设施和空间的不同，发展为几种不同的箱体产品款式。单廊式箱体单元：使用一个完整的 12 米箱体作为一个独立的室内套间使用，采用端入式的组织方式，从箱体一端进入，另一端为落地玻璃窗或附加阳台。管道、卫浴设施、厨房设备位于箱体中部（图 25）。

内廊式箱体单元：由一个完整的 12 米集装箱改造而来，切除箱体中部的部分侧壁，形成中间走廊。箱体被分割为两个独立的单元空间，分别位于走廊两侧，每个房间的入口为洗漱空间，内部为就寝的房间，类似于酒店客房的布局。改动后将数个相同的箱体拼合，使得此类单箱体构成的建筑无须附加结构便可支撑走廊（图 26）。

图 27.

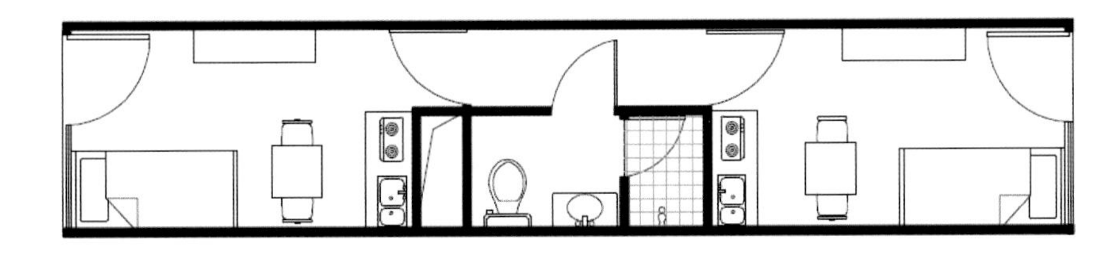

双侧外走廊双人间室内布局

图 28.

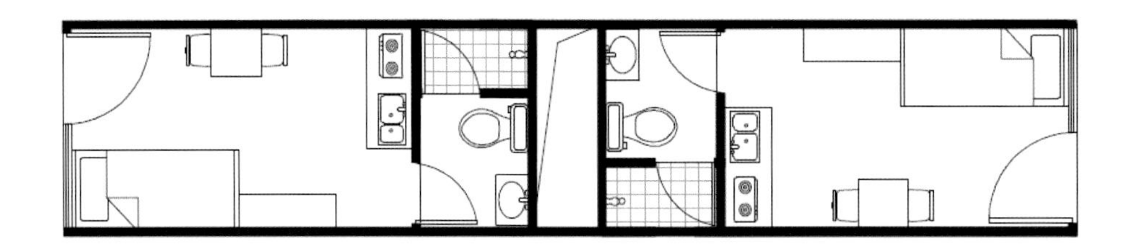

双侧外走廊两独立单人间室内布局

双廊式箱体单元：使用一个完整的 12 米集装箱，通过集装箱箱体的中部隔断，分隔出两个相互独立的房间，而每个独立的房间分别由集装箱两端的入口进入。这样可以最大限度的减少对原有箱体的破坏，仅仅在端部拆除原有金属构件置换成窗口及门，附加两端的走廊设施，便可以完成宿舍的改造。较之内廊式宿舍改造更加经济且方便。

双廊式箱体单元中，可以分为内部空间完全隔断与不完全隔断两种。在不完全隔断的双廊式箱体单元中，有一个 12 米集装箱改造而成的可供两人居住使用的单身宿舍；入口分别设在箱体两端，由两边的入口分别进入室内共享位于箱体中部的卫浴设施；每个人分别使用各自的就寝空间、简易厨房器具等设备，每个房通向中央卫浴空间都有设有带锁的门，可以相对保持单元空间的隐私（图 27）。

内部空间完全隔断的双廊式箱体单元，也是由 12 米集装箱改造而成的两人间，入口分设在箱体两端，中央部分通过管道设备空间隔开，每个房间有独立的卫浴空间以及厨房设备。（图 28）

Chapter

03

集装箱建筑建造的基本流程及改造措施

1 集装箱建筑建造的基本流程

建造集装箱建筑虽然复杂，与常规结构建造过程迥异，却有着共通的设计和建造流程，一般需要如下几个基本流程和步骤（图 29）。

第一步，研究所需建筑的空间使用情况，与集装箱箱体预估改造完毕的模块化内部空间进行对比，确定建筑设计方案和相应的结构布置方案。
第二步，需要在购买过程中，对集装箱的大小、型号、类型、售价进行前期研究，确定购买的集装箱种类并购买到位。
第三步，对购买的旧集装箱进行箱体修复，打磨掉多余或者已经锈损的部分，并对外部向阳处喷涂保温隔热涂料。
第四步，按照前期建筑设计方案中改造的需要进行破拆金属结构，切割出门窗洞口。
第五步，依据前期结构设计方案，在需要进行结构补强的地方焊接附加钢结构。
第六步，在切割出的洞口部分采用焊接的方法安装门框窗框，以及焊接箱体内部龙骨。
第七步，安装保温材料。
第八步，预埋安装电线，给排水管材。
第九步，安装整体浴室、厨房和卧室的固定家具。
第十步，安装墙板和吊顶板等饰面板材。
第十一步，选用合适的地面材质，铺贴安装地面材料。
第十二步，对细节进行整理，比如安装灯具，安放活动家具等。

在集装箱建筑设计和建造的基本流程中，一至二步是进行相应的模块化空间设计并选取合适的箱体材料，由于相同的空间可以由单独的 12 米箱体或者两个 6 米箱体构成，而对箱体的选择结构布置完全不同，因此这个过程是必须经历的前期设计。三至六过程为箱体处理阶段，由于箱体为金属材料，故需要使用焊接设备，同时考虑到保温材

图 29.

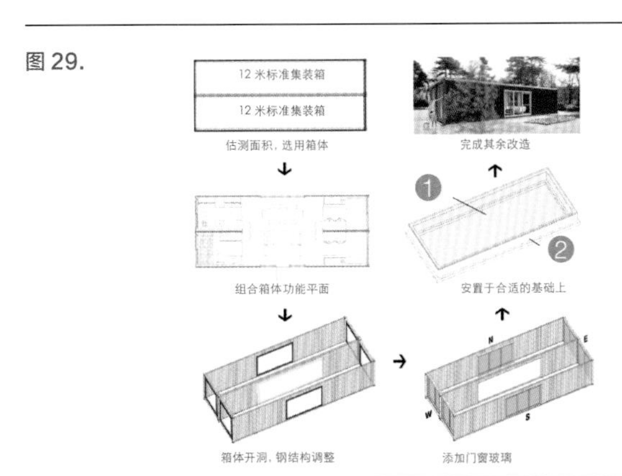

1 混凝土板，下为素土夯实
2 条形基础

集装箱设计建造基本流程（依据 residentialshippingcontainerprimer.com 改绘）

料的易燃性，此过程须排列在保温材料之前。七至八步为建筑性能改造阶段，管线尽量考虑埋设在保温材料中间，以节约室内净空间。十至十二步为装修装饰阶段，整体浴室、厨房等设备首先进入室内与管线连接，随后将地面和墙面、天花的剩余饰面材料铺贴至固定设备边缘，最后安装安排其他如灯具、开关和家具等其他设备。

2 集装箱建筑的改造措施研究

2.1 集装箱保温改造措施

由于集装箱箱体为金属结构，导热系数很大。因此为了获得良好的室内热环境，需要对集装箱进行保温改造。集装箱的保温改造一般有三种情况：箱体内部进行保温处理、箱体外部保温处理以及直接选用带有保温构造的冷藏集装箱。由于冷藏集装箱很难进行破拆改造，同时价格不经济，箱体来源较少，不适合作为集装箱建筑的改造使用，因此本文主要研究前两种集装箱建筑箱体保温处理方式。

2.1.1 箱体内部进行保温隔热处理

当采用内部保温处理时，箱体的改造工作可以在工厂内完成，箱体外部为坚固的金属结构，各种吊装孔依然保留，能够方便进行吊装、转运而不会破坏脆弱的保温层。这类集装箱建筑一般为需要暴露集装箱箱体金属结构特征的组合式建筑，以及需要频繁拆装转运的单箱体、少量箱体的集装箱建筑。

在进行保温隔热的具体处理过程中，主要有以下几项注意点。

1. 在同等情况下选用厚度较薄的保温材料
由于箱体内部空间有限，因此在集装箱建筑保温设施改造中，需要依据项目建设当地的气候条件，通过节能保温计来测算在达到保温性能的前提下尽量选用厚度较薄的保温材料及构造措施，以充分节约室内空间。例如使用聚氨酯泡沫保温材料，填充集装箱箱体波纹金属板断面的凹口内，充分利用空间；同时选用高热阻值的保温材料，如气凝胶保温板、真空绝热板（vip）等，可以显著减少保温材料对室内空间的占用。

2. 选用满足安全环保等需求的保温材料
由于集装箱箱体本身带有的钢材特性，以及防火性能较差、隔音不佳等物理特性，所以在选用保温材料时，应该考虑满足多样化性能需求的保温材料，如具有较好耐火性能、隔音性能的保温材料，同时选用憎水性材料，以防止保温材料吸水导致箱体腐蚀。

3. 不同部位选择相应的保温构造措施
在集装箱箱体的墙面、顶棚以及地板处，保温选用不同的构造连接措施。集装箱建筑在墙体的保温构造处理中，通常采用木龙骨的固定方式。首先在集装箱室内波纹型钢板的凹入部分塞入木龙骨，然后用金属挡板靠紧木质龙骨，并将挡板焊接在箱体上卡紧固定木龙骨。随后依据保温材料的特性及厚度，将保温板及外部饰面板材固

图 30.

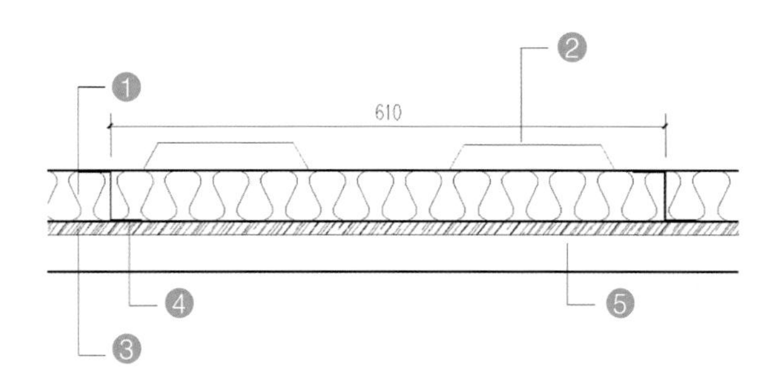

1 40mm 厚岩棉保温材料
2 集装箱外壳（1.6mm 钢板折叠制成 20.5mm 厚波浪形板）
3 9mm 夹板，每隔 610mm 固定一次
4 每隔 610mm 设置一道 1.6mm 钢支撑
5 二层 12.5mm 防火板

墙体保温做法

图 31.

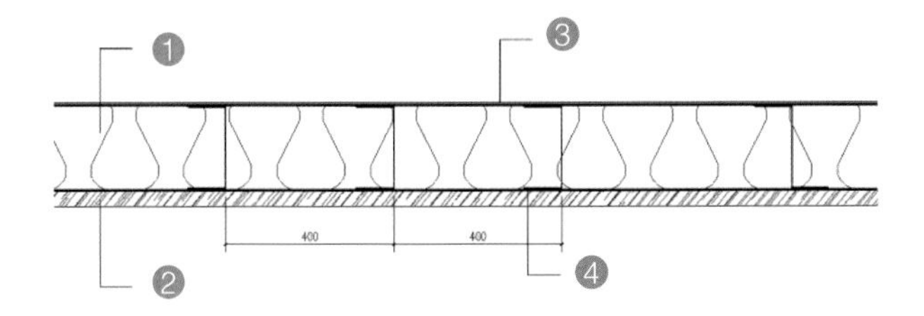

1 100mm 厚岩棉保温层
2 用槽钢固定 9mm 夹板
3 集装箱外壳（1.6mm 钢伴折焊接在托梁底部）
4 每隔 400mm 设置一道 100×45×4mm 槽钢托梁

顶棚保温做法

定在竖向龙骨上，最后封上饰面板材。采用木龙骨的方式能最大限度地减少热桥的发生。此外还可以使用钢制龙骨作为保温材料及外饰面材料的固定方式。如图 30 中所示，“Z” 形钢龙骨每隔 610 毫米设置一道，焊接在集装箱箱体钢结构上。钢箱体和饰面材料之间填充 40 毫米厚的岩棉。饰面板材近保温材料一侧使用 9 毫米厚的胶合板，近室内一侧为两层 12.5 毫米厚的防火板。整个保温材料和饰面板总厚度为 75 毫米。

集装箱箱体顶棚一般使用龙骨吊挂饰面板材，在饰面板上部填充保温材料，上部灯具使用集成吊顶埋藏在顶棚表面内或者固定在饰面板下。图 31 中所示顶棚保温做法中，使用槽钢作为龙骨，每隔 400 毫米设置一道。在龙骨下部固定有 9 毫米厚胶合板，胶合板与顶棚之间为 100 毫米厚岩棉保温材料。

集装箱箱体地面一般使用木质胶合地板、实木地板，由于要承担室内家具、使用者活动所产生的荷载，因此下部支撑龙骨排布较顶棚与墙侧更密。图 32 中所示地板保温做法中，地板使用了 28 毫米厚胶合板地面，下部支撑钢结构龙骨每隔 300 毫米设置一道，地板与箱体金属结构板之间填充 100 毫米岩棉保温材料。同时在槽钢龙骨和胶合板地面板之间使用了隔热缓冲胶垫，不但减少了槽钢龙骨热桥效应，也减小了冲击噪音的产生。

2.1.2 箱体外部进行保温处理

集装箱建筑外部进行保温隔热处理，适用于使用箱体作为建筑内部结构，外部使用其他饰面材料进行覆盖的整体式建筑。一般待集装箱整体装配完成之后再进行保温和外饰面施工。具体建造细节与常见钢结构建筑外保温材料的处理无异。在 travelodge 集装箱酒店的建造过程中便使用了箱体外部的保温处理，待集装箱转运、组装到位后再进行外部保温构造施工。

图 32.

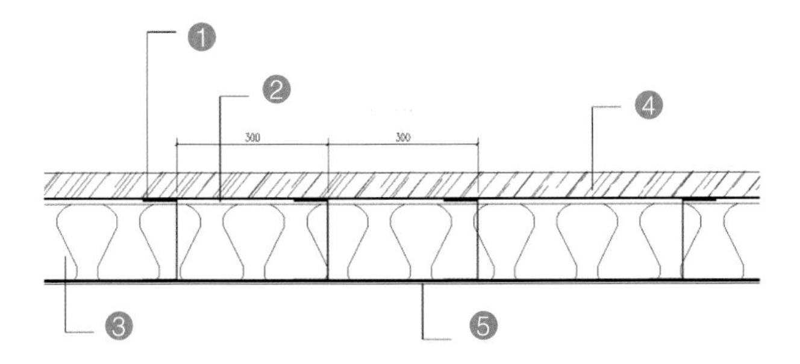

1 每隔 300mm 设置一道 120×45×4mm 槽钢托梁
2 4mm 厚隔热缓冲胶垫
3 100mm 厚岩棉保温层
4 28mm 夹板地面层
5 集装箱外壳（1.6mm 钢板折焊接在托梁底部）

地板保温做法

2.2 集装箱建筑隔热改造措施

由于集装箱的外表面为金属材料，因此在夏季或气候炎热地区遮阳隔热的需求十分明显。对于集装箱建筑屋面及外表面隔热的处理主要集中在屋面及墙面两个部分。

2.2.1 屋面隔热改造

常见的集装箱建筑附加的屋面结构不是为了解决雨水问题，而是为了起到遮阳通风隔热的目的。一般情况下，附加遮阳结构依据结构支撑类型主要有四种形式：直接铺盖式、短柱支撑板式、蓬支式、以及外部独立结构式（图 33）。

2.2.2 墙体遮阳改造

1. 箱体附加遮阳构件
在前文中所示，Meka 公司在进行集装箱建筑的建造过程中，往往使用竹材饰面板作为外立面装饰，紧密固定在金属箱体外表面。这种做法在提升集装箱建筑的观感的同时也起到了对箱体金属表面的遮阳作用。与此相同的处理方式也使用在同济大学设计的“Y”型集装箱实验性住宅上，其外立面使用了密织的竹制饰面百叶，以减小太阳光的入射。

2. 隔热涂料
由于集装箱箱体的金属波浪形表面本身就具有良好的符号特征，在设计时如果使用附加结构会不可避免的遮蔽掉集装箱建筑本身所特有的魅力。因此在集装箱外表面使用保温隔热涂料是达到保留集装箱外立面特征同时又能实现良好物理性能的最佳选择。

依据北京莱恩科创公司给出的“热顿”热反射涂料性能参数，200 微米厚的该种涂料可以反射太阳红外辐射携带的热能的 92.35%；于此同时，防水防霉的特点可以让墙壁更干燥，防止霉菌的生成。依据笔者在万科建筑研究中心实测数据，该材料在红外线灯的烘烤下，较之同种色彩的普通涂料表面温度低 12~15 摄氏度。在实际的工程项目中，可以依据情况酌情增加南向和屋面的涂抹厚度来调节隔热效果。

2.3 集装箱建筑基础的设置措施

由于集装箱的预制装配式特性，集装箱建筑的基础与其他类型建筑既相同也有所不同。相同的是，集装箱建筑的基础也是用于承载上部结构，传导竖向荷载、固定箱体、调整水平面起隔潮等作用。不同的是，集装箱建筑上部重

图 33.

名称	示意图	照片
直接铺盖式	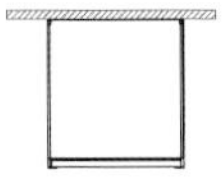	
短柱支撑式	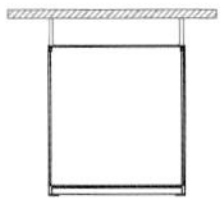	
蓬支式		
外部独立结构式	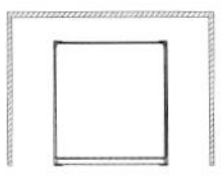	

箱体附加屋面结构隔热措施

量通常较常规混凝土建筑轻得多，因在某种程度上有基础埋深浅、可临时性、可重复利用性的特点。影响基础结构设计的因素主要有以下几个，包括基地所在的客观条件、涵盖场地条件、基础土壤条件、建筑设计类型、气候因素以及当地市场偏好等方面。概况来说集装箱建筑主要有以下几种常见的基础类型：架空支柱基础、混凝土板式基础以及其他材料和类型的简易基础。

1. 架空支柱基础
架空支柱基础是一种非常节约的基础形式，可以有效隔绝地面潮湿环境，并节省制作时间，同时可以非常方便的进行场地找平，特别适合在无法进行场地平整的情况下使用。小型集装箱建筑通常使用柱状混凝土支柱，开挖后通过筒状模板进行浇筑可以非常实惠并迅速建造出符合需求的基础。前文所述哥斯达黎加“竹屋”及斯坦科·保罗自宅便采用了圆柱形混凝土柱支撑上部箱体。在大型建筑中，往往使用大型钢结构或者混凝土支柱作为上部结构支撑。例如 MVRDV 设计的阿姆斯特丹癌症研究中心便使用了大型钢结构柱并附带剪力撑的基础形式，将整个 5 层建筑完全坐落在湿地水面之上。

2. 混凝土板式基础
混凝土板式基础整体受力更加均匀，沉降较小。下部混凝土底板在制作时预先埋设好钢构件，待上部箱体吊装到位后再与金属预埋件进行焊接或者铆接，固定为一个整体。但是特别值得注意的是，假如混凝土板式基础面积较大，且集装箱底板与混凝土之间无法制作防水构造时，需要考虑下部混凝土板式基础的排水，以防止下部积水锈蚀箱体。在荷兰阿姆斯特丹的 Keetwonen 学生宿舍的建造过程中，底层箱体两个端部固定在底板的金属锚固件上，箱体下部的混凝土板朝向内部进行了找坡，以方便迅速排除渗入箱体下部的积水，并为部分管线埋设在箱体下部空间提供了可能。

其他基础形式包括钢筋混凝土墙基础、钢筋混凝土地下室基础、砌体结构条形基础，甚至采用轮胎、木材等非常见建筑材料制成的适应性建筑基础。

2.4 集装箱建筑的箱体拼接改造措施

集装箱组构建筑中尤其是大学集装箱建筑的拼接过程中，必须对箱体之间进行连接，一般有用于永久性拼合的焊接连接以及临时性拼合的锚栓连接两种方式。同时，在连接后箱体间的缝隙也需要进行特殊处理，以保证这些缝隙处不会渗入雨水和污垢，防止箱体锈蚀。这类缝隙主要有两种处理方式，当箱体直接结合为永久性接合，使用焊接将两箱体完全紧密的连接在一起，杜绝可能出现的缝隙；当相邻箱体为非永久性接合或间隙过大无法进行焊接时，通常使用密封材料，如耐候氯丁橡胶胶条、沥青麻丝等进行密闭。这类密封材料往往具有憎水、耐老化的特点。当使用橡胶胶条进行密封时，往往还需要在密封时用橡胶锤锤击，将胶条敲入以保证密封的可靠性，并定期检查更换。

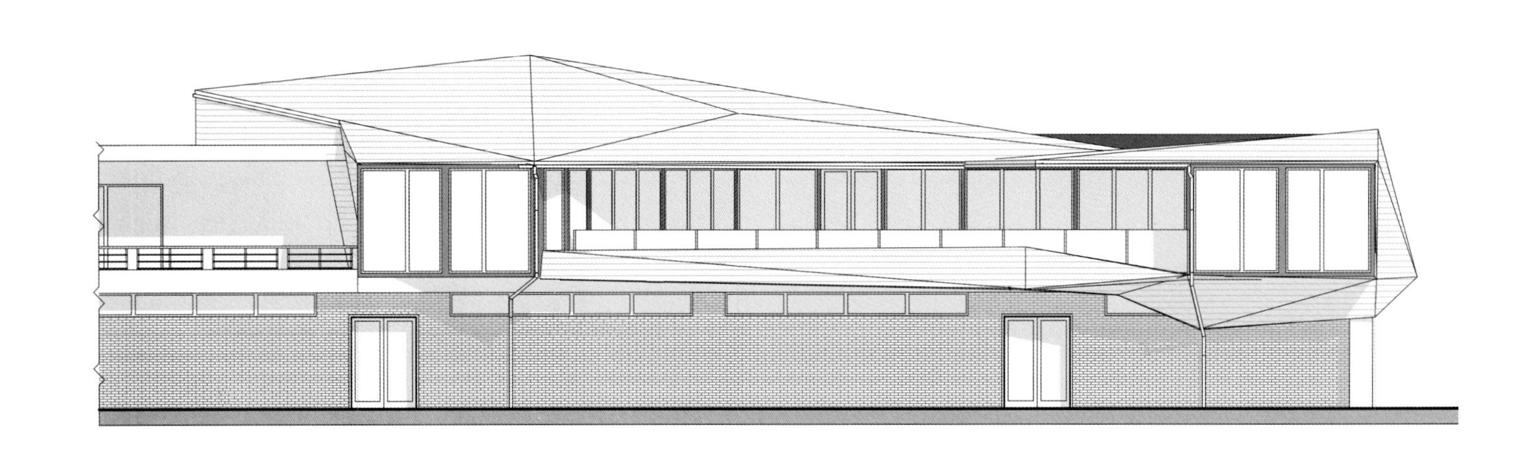

案例赏析 Case Studies

恶魔之角

项目地点 澳大利亚，塔斯马尼亚岛 **项目面积** 572 平方米 **项目时间** 2015 年 **项目设计** 积云工作室 **摄影** 坦嘉·米尔本（Tanja Milbourne）**客户** 布朗兄弟（Brown Brothers）

01

竣工于 2015 年 11 月的恶魔之角位于塔斯马尼亚的东部，是塔斯马尼亚最大的葡萄园之一。该项目旨在为塔斯马尼亚东海岸创造新的旅游景点，为游客带来不同的视觉体验。此外，该项目也促进当地各个行业，为当地各种季节性活动提供场地。

恶魔之角的观景台和赏酒处由木质复合集装箱搭建，通过这种材料的使用和独特的处理方式，设计师为葡萄酒和美食市场提供了半遮蔽的空间，完成了自己对传统农庄的全新诠释。

游客可以在这里休息，俯瞰整个酒庄，欣赏塔斯马尼亚东部海岸菲瑟涅半岛的美景。还可以通过观景台不同的视角来探索和欣赏整个葡萄园的美景。

瞭望塔的元素是设计中重要的组成部分，它不仅是一个醒目的视觉符号，更是一种诠释恶魔之角酒庄美景的途径。观景台有三种不同的视角，指向不同的空间：天空、地平线和瞭望塔。

该项目荣获 2016 年塔斯马尼亚商业钢结构建筑科林·菲利普奖，并获得“2016 年国家建筑奖”“全国商业建筑奖”提名。

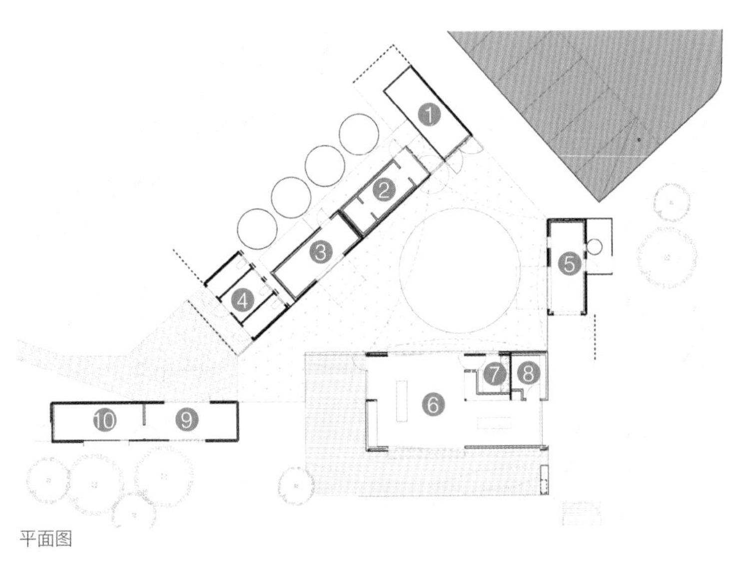

1 集装箱储存室
2 冷库
3 销售区 1
4 厕所
5 销售区 2
6 赏酒和销售区
7 炊具碗碟存放处
8 商店
9 旅游信息咨询处
10 私人赏酒室

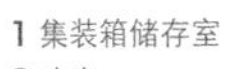

平面图

立面图

01 / 全景图
02 / 外景图

03-04 / 天普罗咖啡馆
05 / 渔夫餐厅
06 / 背面图

06

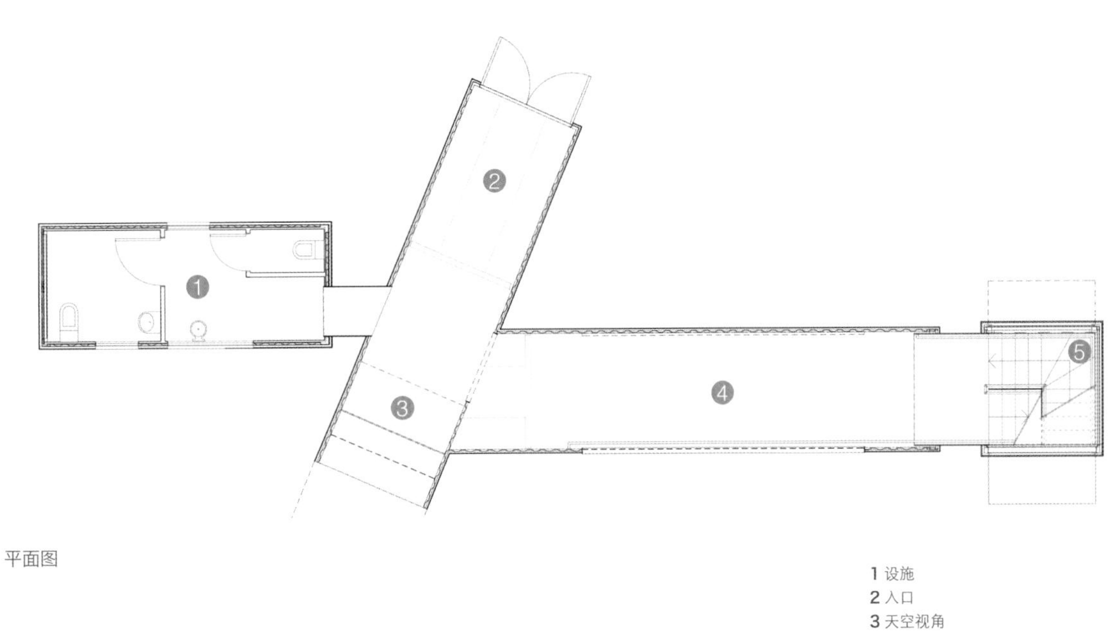

平面图

1 设施
2 入口
3 天空视角
4 地平线视角
5 观景台视角

07

08

09

07 / 观景台
08 / 倾斜的集装箱指向天空
09 / 海运集装箱结构
10-11 / 楼梯
12 / 观景处

10

11

12

敦拉文集装箱体育馆

项目地点 英国，伦敦 **项目面积** 1200 平方米 **项目时间** 2009 年 **项目设计** SCABAL - 卡利楠工作室与和巴克建筑事务所有限公司(SCABAL-Studio Cullinan And Buck Architects Ltd.) **摄影** 成坤俊 **客户** 英国伦敦兰贝斯区、邓拉文学校

01

伦敦敦拉文学校的运动场的设计创新，环保节能，配色醒目，简单时尚，价格合理，严格控制在政府的预算之内。这样匠心独具的设计为全球体育馆设计提供了参考和借鉴。体育馆的模块结构与内部房间是由 30 个 12 米的海运集装箱搭建而成的。集装箱醒目的配色能够激发运动员运动的激情，促进室内体育活动的进行。这个多用途体育馆为学生提供了最佳室内运动环境，学生也对这个体育馆赞不绝口。

体育馆内大面积的玻璃形状各异的玻璃，设计师以泥铲，独轮车和花壶等后花园元素为灵感，为体育馆增添如家庭温室般温暖的气氛。街上的路人也可以透过玻璃窗看到体育馆中进行的活动。通过玻璃窗，敦拉文集装箱体育馆的内部活动与周围景观的外部环境完美融合在一起，与普通完全封闭式的体育馆截然不同。

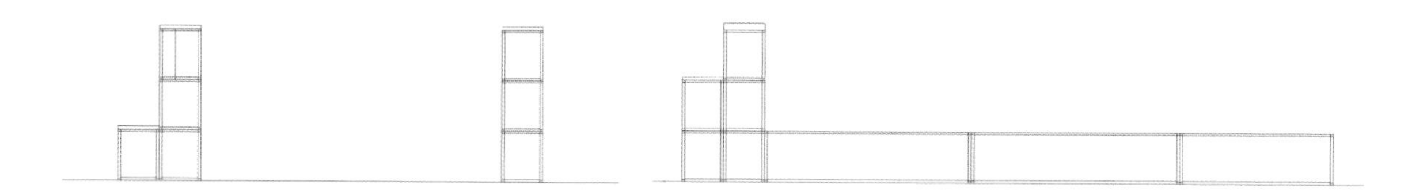

立面图

体育馆最大程度发挥了其位置与朝向的优势，在北面装有三层半透明的聚碳酸酯面板。体育馆室内充满自然光的同时却不受阳光直射的干扰,这不仅是楼内一楼画廊和天窗的功劳,更是得力于整个体育馆的朝向及其窗户的朝向。该体育馆日照条件好、开放度适宜，在发挥普通体育馆举行体育活动的同时，也可以用来举办学校及周边社区的考试、集会等其他重要活动。

夜晚，体育馆为社区活动提供设施器材和多用途场所。这种开放式的组合使得灯火通明的体育馆在昏天黑地的街道上格外显眼，同时窗户上形色各异的形状也在黑夜的黑幕上投射出生动形象的动画。

01 / 街头临街
02 / 南侧
03 / 一楼观景廊

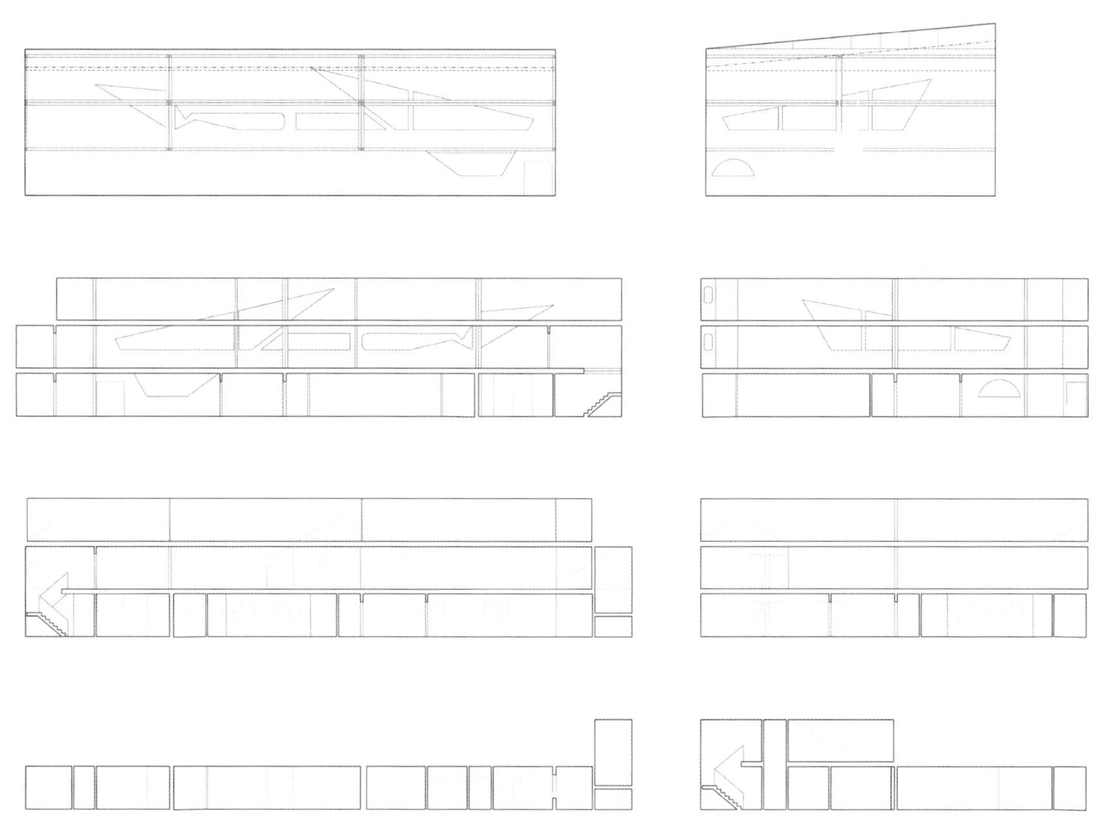

剖面图

该项目受英国伦敦兰贝斯区政府委托并由“未来建筑学校”计划提供资金。集装箱城（USM）的设计生产只需三个月且现场安装仅需三天。这种高效、成本低、可持续性的创新方法得到了建筑界与社会的认可，2009 年度建筑行业建设奖评比中被评为“最佳小型建筑项目”。在该项目建成之后，SCABAL 公司相继在中国、挪威、印度（正在建设中）、美国和尼日利亚进行了集装箱体育馆的设计。

04 / 南侧内视角
05 / 更衣室
06 / 东南角与正门

朝花夕拾生活馆

项目地点 中国，北京 **项目面积** 2500 平方米 **项目时间** 2016 年 **项目设计** 上海智慧湾投资管理有限公司、Paul Bo Peng 彭勃先生（澳籍）、胡彦、杨洋、余定、魏世兵、刘约君、杜明芳、赵炜昊、陈永伦、叶嘉威、王伟阳、李清、曾喆、张靖姗、黄穗强、吴沈梅、张杰华
摄影 曾喆

长城脚下饮马川 - 拾得大地幸福实践区，是 IAPA2014 年开始为拾得大地幸福产业集团在长城脚下设计打造的首个集生态、环保与艺术的旅游度假区。IAPA 承担本项目的规划设计、建筑设计、景观设计、室内设计、软装设计、施工图设计。目前朝花夕拾生活馆已经投入使用。

朝花夕拾生活馆的建设，不仅仅是要营建一个雅致的山水居所，更是要营建对工业时代的反思，传统文化空间传承的场所。模数化的尺寸通过精巧细致的组合，形成内外交错大小不同的院落。将人们平日生活所需的功能空间打散，希望人们通过廊道、廊桥、平台穿梭于庭院之中，给予人们脱离室内的保护，聆听自然、接触自然的机会，这是贯穿整个生活馆设计、建造、使用，设计者所希望呈现的生活态度与生活方式。墙垣门洞的开合，不仅是步移景异与传统园林的借景对景，更是视觉体验上空间的虚实相生。粗麻芦苇，温润的木料、粗犷的石材，与腥锈的钢板相影；煮茶的铜炉明火、赏景饮酒的蒲团案几，悉数安放。

朝花夕拾生活馆以工业风浓厚的集装箱为主体，整齐划一的模块化屋室与走廊、桥梁和观景平台相接，创造出一个既有四合院般的氛围，又能欣赏到园林景观的静谧院落。

01 / 从二楼观景台的角度来看茶室
02 / 连桥

02

03 / 从二楼观景塔的角度来看庭院
04 / 庭院
05 / 从庭院的角度看厨房

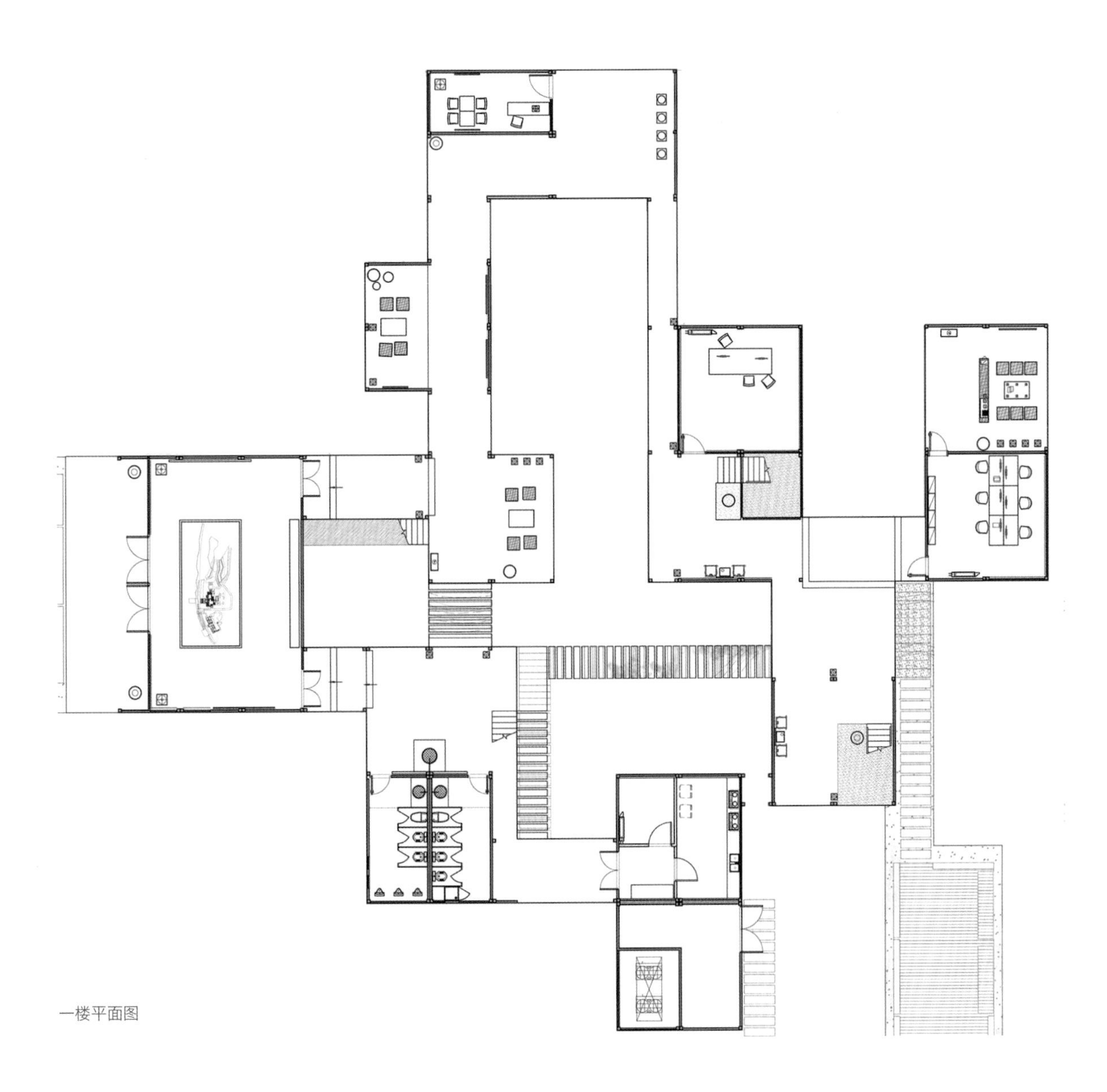

一楼平面图

06 / 茶室
07 / 半露天茶室
08 / 回廊

08

可移动集装箱艺术之城 2012

项目地点 波兰，波兹南 **项目面积** 2120 平方米 **项目时间** 2012 年 **项目设计** 时尚：丽娜（mode: lina）**摄影** 爱娃洛兹（Ewa Łowżył）、马克西恩·拉塔杰兹卡（Marcin Ratajczak）**客户** 集装箱艺术（KontenerART）

01

每年五月初，“集装箱艺术”（KontenerART）活动都如期在波兰的波兹南举行。位于集装箱艺术城市中心的瓦尔塔河（Warta River）—— 风景美丽迷人，鲜有人知。在波兰独立艺术家们的不断宣传下，“集装箱艺术”不断发展成为可以举行音乐会、展览、社区活动的艺术场所。到访来宾可以在这里自由地社交，与众多艺术家碰面，并在各种活动中感受创意过程，激发自己的灵感。

每年活动会场都有不同的建筑师设计。今年的“集装箱艺术”活动会场由波兰建筑师团队时尚：丽娜公司设计，主题是小集装箱城市。设计师发挥大胆的想象，选取了集装箱作为基本元素以及波兰当季节特色，如：木制调色板、吊床和沙滩椅。这种简约亲民的设计使来宾都可以感受到这里弄弄的艺术气息。

“集装箱艺术”活动的宗旨是为到场的每个人提供空间。设计师在设立独立板块的同时，将这些小版块容纳到一个大型集装箱建筑之中，将所有的区域包含在内。酒吧和 Cargo 画廊，都是在去年的基础上装修布置而成的。酒吧的柜台是由便宜好用的欧松板 OSB 面板组装而成的。所以，即便没有大量成本投入，也可以达到良好的效果。

因集装箱的功能、审美价值以及合理的预算价格，对于“集装箱艺术”这样综合活动项目来说，集装箱绝对是上选之材.音乐会区域四周的墙以玻璃墙代替原来的金属墙.基本通透,使来宾可从外面清楚地看到室内的一切活动。到了夜晚的时候，即便是在很远的距离，人们也可以看到室内灯火通明的景象。

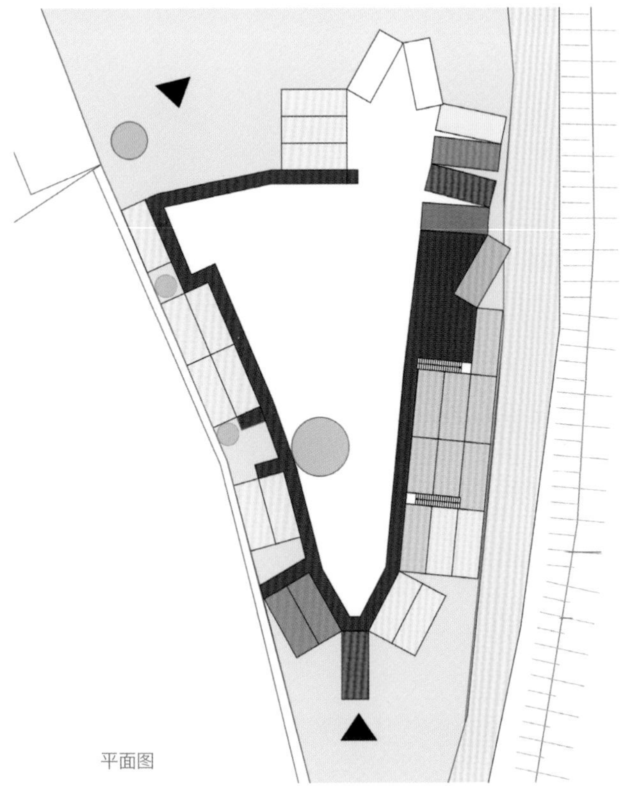

01 / 集装箱酒吧和舞池

02 / 从集装箱顶楼俯瞰瓦尔塔河和历史悠久的波兹南大教堂

03

04

05

有一些集装箱没有经过任何处理，保留了其最原始的面貌。这些集装箱被用作应急储存空间。集装箱仓库良好的安全严密性可以更好的保证里面货品的安全，以减少被盗的可能。

建筑的北立面和南立面上明亮的橘色让来宾充分地感受到自由艺术的活力。“集装箱艺术”这座“可移动的艺术之城”，在以可移动的集装箱作为结构框架的基础上，拼接成一个 U 型建筑。不仅仅是 U 型造型，可移动集装箱也可以根据需要重新排列，使这个地方更加彰显其多样化和吸引力。

除了可循环集装箱的利用，“集装箱艺术”屋顶的太阳能发电器、绿墙和新鲜植物的植入，也充分体现了项目的绿色环保，贴近自然的理念。

03 / 项目合作伙伴的标志
04-05 / 兼工作室与娱乐厅的多功能平台

APAP 集装箱开放学校

项目地点 韩国，安阳 **项目面积** 511 平方米 **项目时间** 2010 年 **项目设计** LOT-EK，阿达·托拉 （Ada Tolla）+ 吉塞普·里尼亚诺（Giuseppe Lignano）、汤米·曼努埃尔（Tommy Manuel）、A 计划（Project A） **摄影** 金明秀（Kim Myoung-sik）**客户** 朴静（Kyong Park）、APAP2010 艺术总监、安阳公共艺术

01

01 / 河边视角正面图
02-03 / 人行道视角侧面图

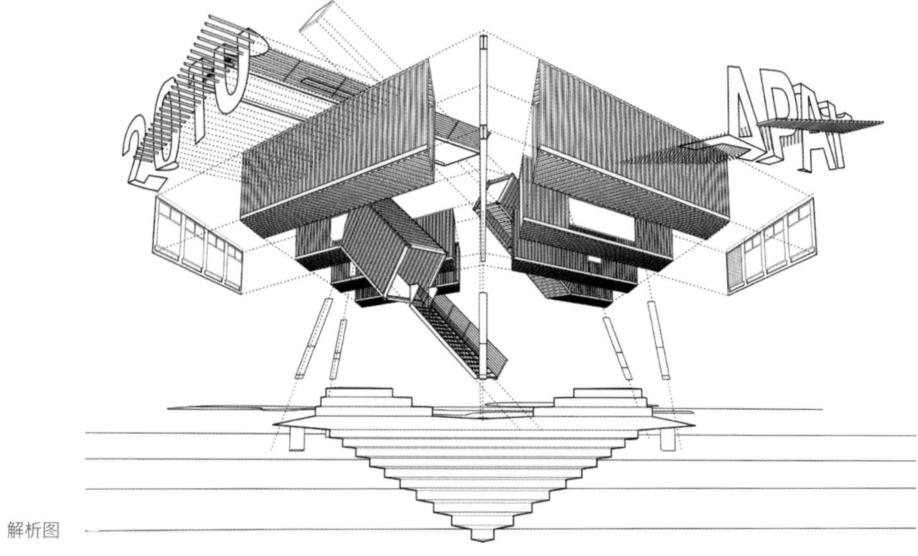

解析图

作为 APAP2010 公共艺术活动的举办地，活动期间，APAP 集装箱学校吸引了大量的游客、观光者和演员集聚在此。8 个集装箱经切割拼接并呈 45 度倾斜摆放，按照鱼骨架排列方式，拼接出一个距地 3 米高的箭头状的建筑体。APAP 集装箱学校坐落在城市白云公园的人行道上，靠近河边，集聚集、休息和观光等多功能为于一身。

APAP 集装箱学校由三个不同却又相互关联的区域构成，来访者可以在其中获得一系列不同的空间体验。底层基于其固有的斜坡地形的优势，使用集装箱结构搭建公共露天剧场。来访者可以在圆形剧场的下部欣赏河边的美景；而剧场的上半部分与 APAP 集装箱学校结构下方的开放空间相衔接，形成了一个用于公众活动和社区交流的舞台空间。设计师巧妙地采用集装箱将人行横道线与剧场上部连接，使行人可以无障碍地通往上层。

02

03

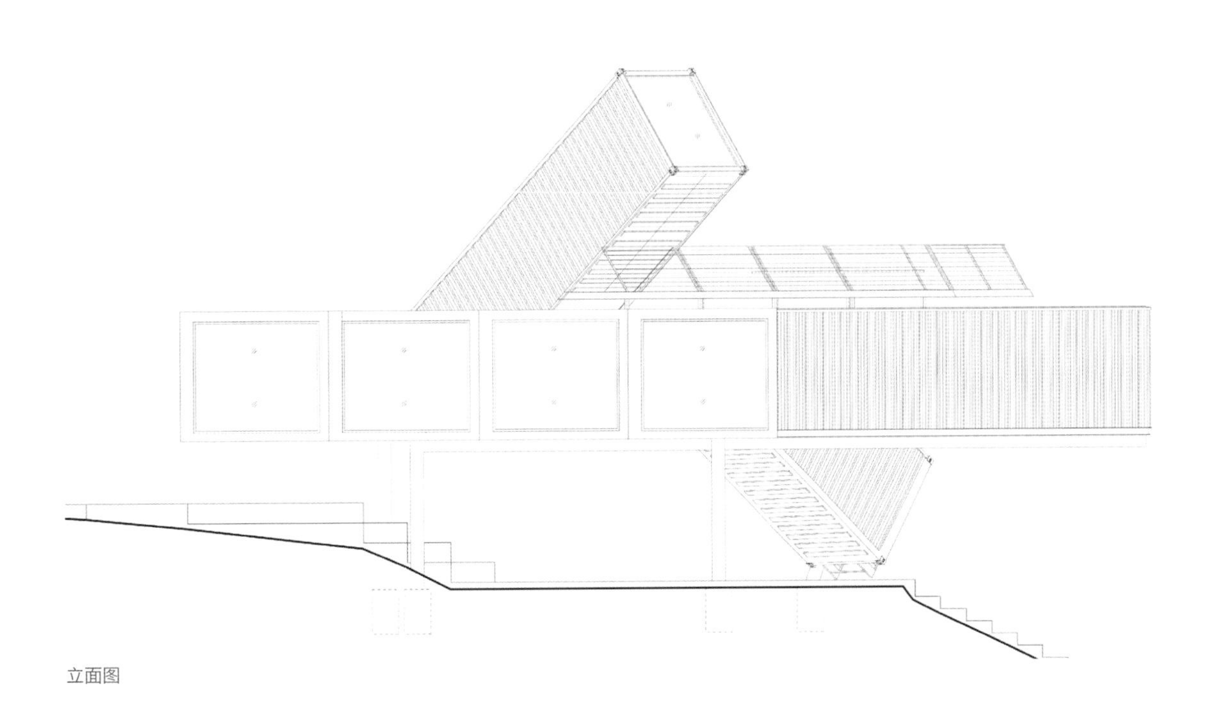
立面图

APAP 集装箱学校的二楼是个大型的多功能区，可作为会议室、集会室、展览厅使用，甚至是驻场艺术家的两间工作室。集装箱学校正面的两片西北走向的横墙悬臂设计独出心裁，带有窥视细孔装饰的整片石墙以及悬臂紧紧地固定和连接在一起。

建筑几个高度不同的入口，不同的入口周围的景观也不同。孩子和成人可以根据身高或是需要进入建筑内部，感受到这里自然的城市美景。集装箱短边采用通透玻璃，加强室内光照、空气对流，使来访者可以欣赏到楼下公园小路的美景。

03 / 后视图
04 / 入口
05 / 带有窗孔的内部展览空间
06 / 活动空间

05

06

三楼的狭长的甲板空间有如跳板一样伸向安阳河。人们可以坐在顶层的两个长椅上休息片刻，欣赏半空中的美景，相互畅谈。

APAP 集装箱学校因其亮黄与漆黑大胆的撞色和别具一格的造型、醒目的图案及其临河的战略性位置，成为安阳市具有代表性的地标。

07

07 / 通往室外甲板的楼梯
08 / 室外甲板的出口

08

Hai d3

项目地点 阿拉伯联合酋长国，迪拜 **项目面积** 1877 平方米 **项目时间** 2015 年 **项目设计** 伊布达设计 (ibda design) **摄影** 撒都·霍达 (Sadao Hotta)

01

Hai d3 是迪拜设计区的总部一个多用途社区，是阿联酋新兴本土创意人才的枢纽中心。由于举办各种社区项目和活动的需要，客户希望 Hai d3 必须具有足够的灵活性，能够适应可持续快速组装和拆卸的要求。设计师通过对 12 米的集装箱进行叠放与改造，将集装箱模块化模式与阿拉伯传统邻里规划元素相结合。

集装箱是一个非常符合城市历史的一个建筑元素。迪拜是一个城市结构瞬息万变的港口城市，集装箱的足迹踏遍世界各地，每个集装箱所承载的物品都赋予集装箱历史感与独特能量。最终，这些集装箱都被收纳到这个项目中，互相倾诉自己的经历与故事，为这个当代阿拉伯建筑提供历史悠久的背景。

该项目的一砖一瓦，像当代中东小说中字字句句对中东兴盛与衰落形象地描写一样，重新阐释项目的扩展与浓缩之路的本质，并自己定义为充满活力的公共空间。通过可回收的、批量生产的产品使用，项目有意保留了集装箱的原始工业面貌，也更新了现代阿拉伯的城市结构。Hai d3 是由 75 个集装箱叠放拼接成 6 个不同的建筑。根据不同的功能，6 幢建筑可以分为车间、图书馆、咖啡厅、美术馆、祈祷室和零售空间。该项目的亮点是每栋建筑所配置的户外“口袋”空间，被用作每栋建筑的庭院。庭院和景观布局都与建筑的工业化风格相辅相成，光照条件良好，促进活动的开展，激发人的思维，发挥良好的作用。

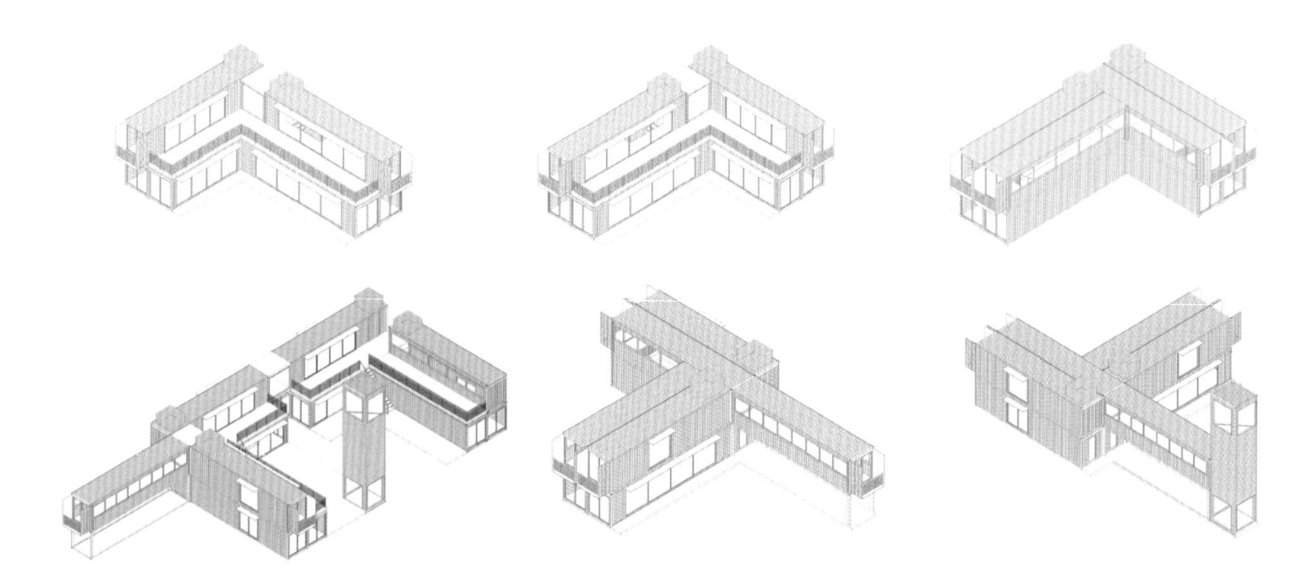
根据不同的功能需求，集装箱的不同布局方式

镶嵌集装箱之中的全景落地窗使人们能更好地享受户外美景和迪拜天际线的景色。此外，这些窗户将室内与室外的更加密切地结合在一起，无论是在夏季还是冬季，室外与室内的气氛总能保持一致。

中东气候在这个项目中起到决定性的作用，其过度的阳光和温度的控制都需要在设计时考虑在内。集装箱战略的作为“风塔”，为庭院和景观空间的无动力制冷提供了条件。

这些风塔通过捕捉高速风，并将其引向社区庭院内，实现自然通风。这种传统通风战略为 Hai d3 提供了一种高效环保的制冷方式，使 Hai d3 成为一个充满活力、创意混搭的活动空间。另外设计师还采用若干小型的 6 米的集装箱作为小型的多功能厅和装饰使用。其中一个附加集装箱作为入口，指引人们来到这里。建筑空间内部可以进行电影放映、举办聚会和户外讲座等多种活动。

Hai d3 社区是在阿拉伯传统空间布局的基础上对于模块化形式的灵活运用，目的在于为用户提供创造性生产力平台。纵观项目整体，不难发现 Hai d3 建筑本身的活力，以及其作为推动中东创意产业发展的基础的潜力。

02

03

01 / 被用作无动力制冷的“风塔”二手集装箱
02 / 集装箱元素的使用凸显了迪拜历史港口城市的特征
03 / 社区的设计突出庭院和景观空间，便于各类聚会的举办

04

05

04 / 家具与风景融为一体
05 / 庭院和公共聚会空间
06 / 透明玻璃缩短室内室外的距离
07 / 充足的自然光线透过玻璃照射室内

首尔青年地带

项目地点 韩国，首尔 **项目时间** 2015 年 **项目设计** 李强素（Kangsoo Lee），强中勋 Joohyung Kang，俄金勇（Jinyoung Oh），李泰乔（Taekho Lee） **摄影** 白胜斌（Seungbin Bae）、李强素（Kangsoo Lee）

01

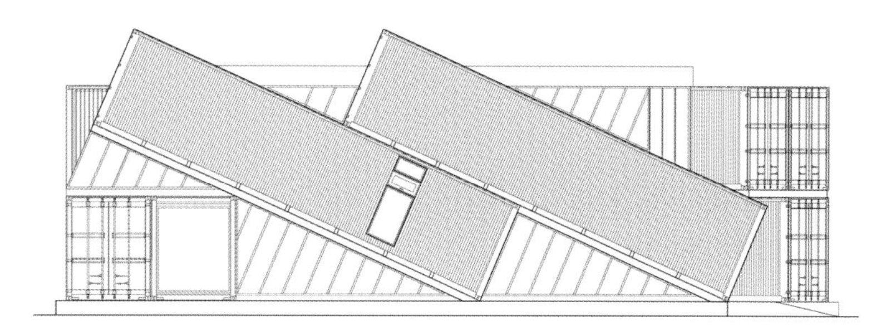

立面图

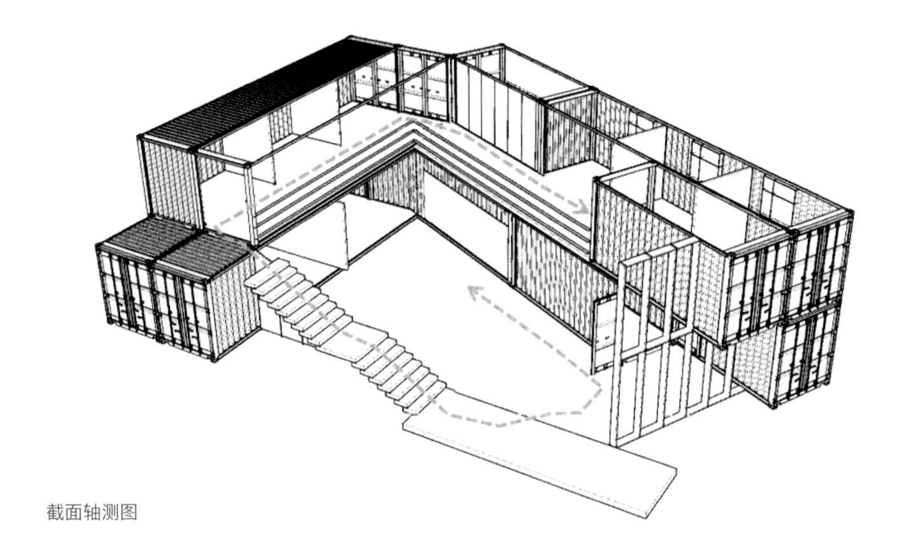

截面轴测图

韩国的青年和年轻人面临着求职、婚姻、住房和社交的多重复杂关系的时代压力。社会应关心年轻一代的身心健康，体会他们的难处与所面临的压力。为寻求社会问题解决方案，首尔市已经规划了专为年轻人开放的地方。在那里，年轻人可以进行不同的活动，甚至是商业活动。位于大坊洞首尔青年地带为这些被压抑的青年提供一个释放压力的零重力地带和一个传播年轻文化与建立人脉网络的空间。青年地带为团体和个人及展示独特的自我、互相交流经验提供了平台。

零重力区位于大坊地铁站附近城市植被农场附近的公共停车场。在有限的时间和预算内，展望未来、统筹规划，集装箱无疑是当下最好的选择。建筑通过物质的形式，表现出青年人的精神，进而鼓励他们在集装箱建筑中发挥

01-02 / 侧面图

创造力，找到克服挑战的勇气。项目所在地的三角形角落和原有的人行横道，决定了建筑的布局、体量和通道方向。集装箱的叠放与拼接构成了室内的创意空间，和被用作中庭休息室或举办各种活动的中心空间。集装箱内部空间由研讨室、公共厨房、卫生间、办公室和垂直阶梯组成。通过集装箱箱体来实现这种复合空间层次关系，形成外部空间— 内部空间（集装箱）—内部空间—内部空间（集装箱）—外部空间的模式。由于集装箱模块组合和便于拆装的特点，使设施发挥极大的功效。对于一些配有特殊设备的小型房间，如公用事业部，则一个集装箱的面积足以；对于一些将有面积要求的房间，如办公室和研讨室，则可将两个集装箱拼接成一个大的集装箱。

当客人通过倾斜的集装箱进入建筑内部空间时，便会看到一楼的中庭、研讨会空间和开放式厨房。人们可以在这些宽敞的区域休息、参加活动、进行研究文化和教育的交流。两个倾斜的集装箱用于楼梯、休息和展览。它同时也表达了空间的形式和功能的高度、自由与解放，以及社会和精神的跨越。青年人在宽阔的楼梯层中可以无拘无束地休息片刻，也可以自由地社交。阳光透过两个倾斜的集装箱之间的空隙，向下面的小型休息室投射出充足的自然光线。二楼有 6 个通过内部阳台相互连接的办公室，这些办公室由企业家和创意活动的个人使用。人们可以从阳台俯瞰一楼的中庭景色与活动。管理部门有一间专门的封闭办公空间。

大坊洞的青年地带是一个由 13 个集装箱搭建而成的建筑物。其设计由于经济合理、形式灵活、绿色环保，为青年人的活动提供了空间。

03-04-05-06 / 内景

03

04

05

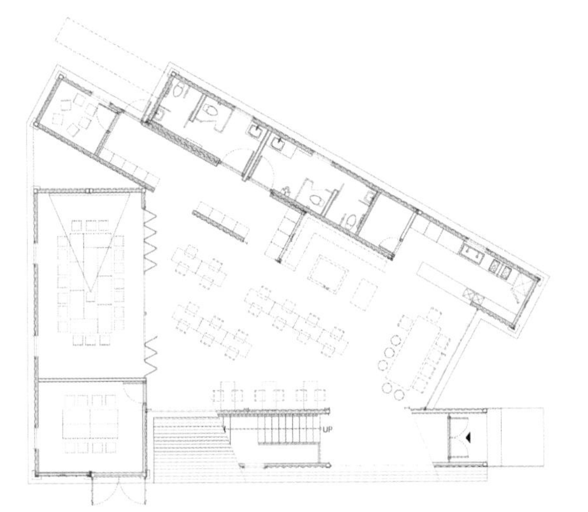

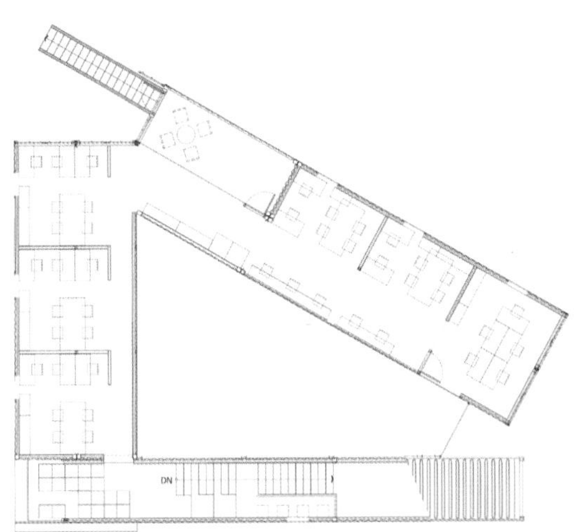

平面图

台东原住民文创产业区

项目地点 中国台湾，台东 **项目面积** 1921 平方米 **项目时间** 2016 年 **项目设计** 台湾生物建筑 Formosana (Bio-Architecture Formosana) **摄影** 卢卡斯·K. 多兰 (Lucas Doolan) **客户** 台东县政府

01

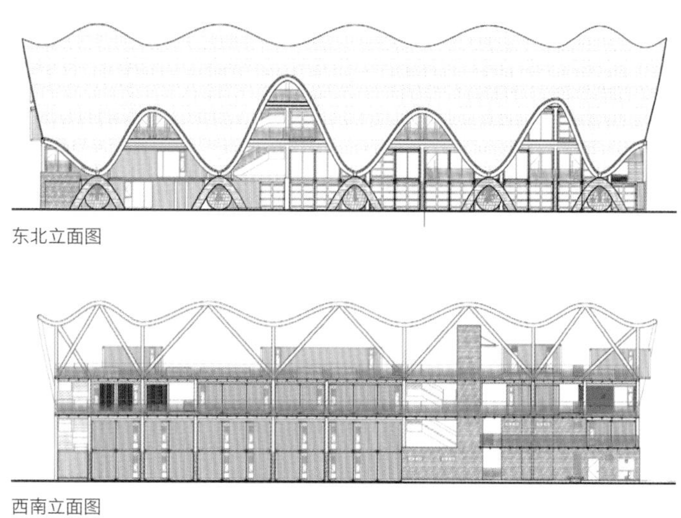
东北立面图

西南立面图

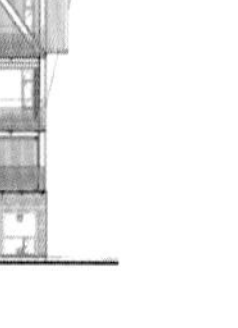
东南立面图

在山海型态的大棚架下覆盖以货柜为单元的店铺，造就自然通风的半开放式公共空间（走道动线等），而冷气的需求就仅限于营业空间（即货柜店铺）。根据原住民创作者的创作方式及空间需求，以6米的货柜（4平方米）为最小单元，加以组合堆栈，以提供不同的创作者依其产出能量及产品性质选择适当的空间。一到二楼是跃层货柜区（12米），内部具有特殊的挑空空间，另外一楼可做餐饮的店铺——拥有基本的截油设备；三楼以6米货柜为主；四楼至多有三家店铺可做连续餐饮空间。顶楼种植槟榔树，各层货柜屋顶亦有蕨类绿化或是平台伸出，像是在一个小山坡上的活动中心，同时也是具有博物馆气质的商场，经营的可能性是很多元的。整体设备空间及维修走道集中于货柜空间后方，提供店铺分离式冷气机的置放。公共空间为自然通风的商场，每个月空调费用相较于传统封闭的商场可节省大量营运费用。屋顶的马赛克以公共艺术的方式争取艺术家设计的图样。货柜空间对于商品展售和人员管理是一个非常适合的尺寸，也属旧建材再利用，单元式各自控管的模式也能对应文化上经营方式的不同。

02

03

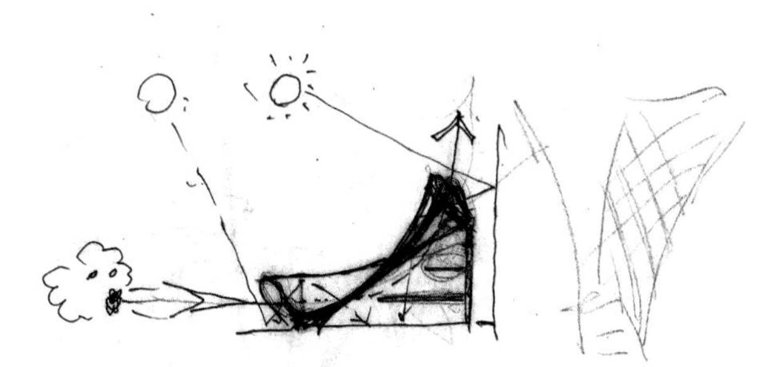
概念性素描

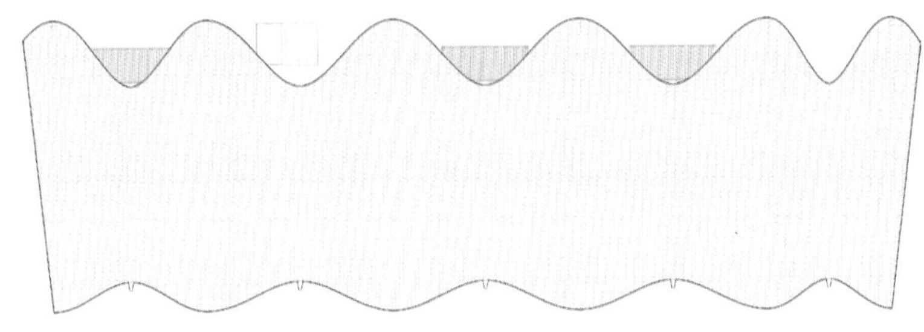
屋顶平面图

01 / 台东原住民文创产业区外观
02 / 弯曲的屋顶收集雨水
03 / 朝不同方向堆叠的集装箱

04 / 屋顶半户外空间
05 / 楼梯空间
06 / 连接各店铺的宽敞平台
07 / 店铺之间的空地

05

06

07

韩国仁川公共观景台“OceanScope”（海景）

项目地点 韩国，仁川 **项目面积** 350 平方米 **项目时间** 2010 年 **项目设计** AnL 工作室（AnL Studio），安开训 Keehyun Ahn，李敏素（Minsoo Lee），ZZangPD（黄昌吉） **摄影** AnL Studio **客户** 韩国仁川市

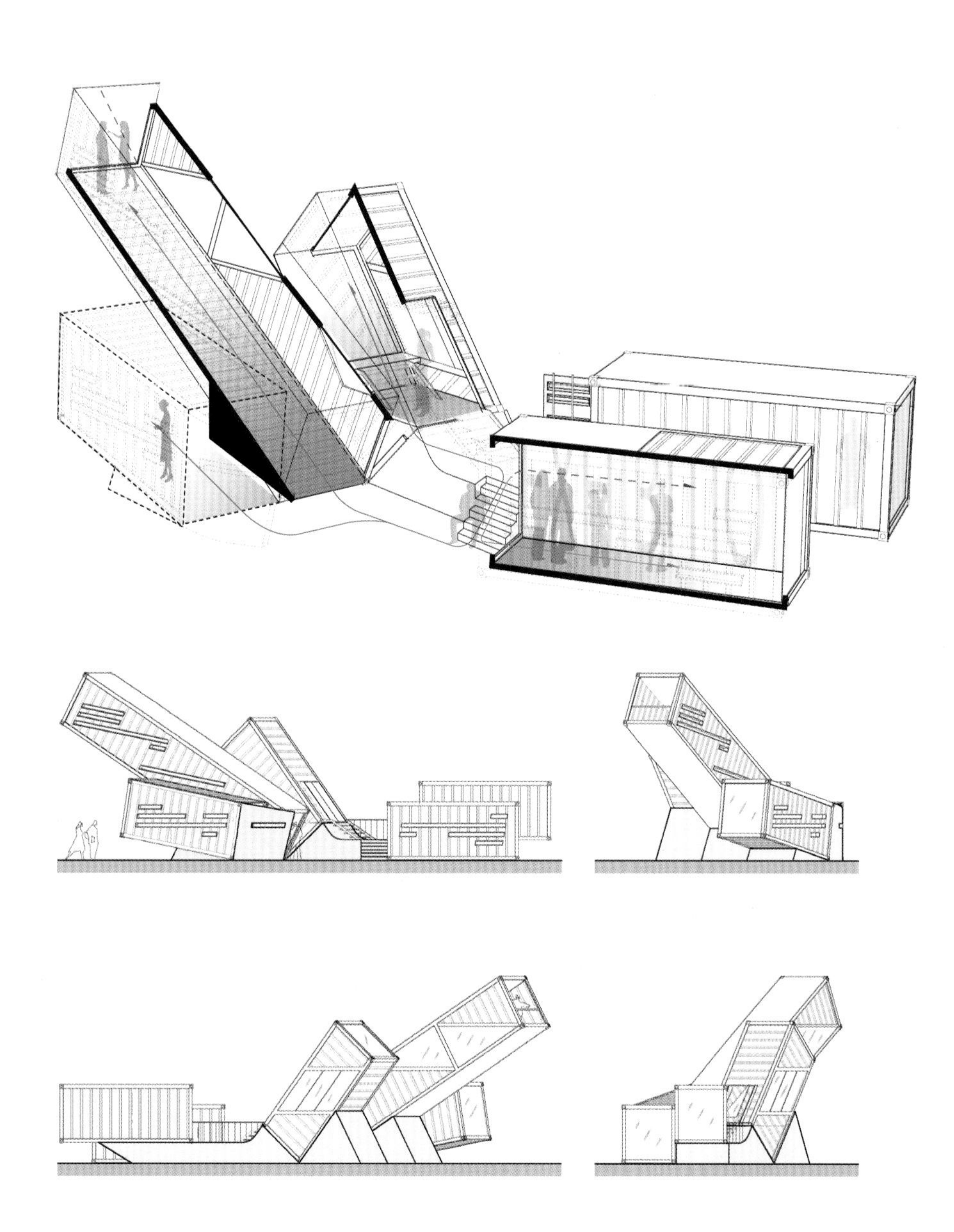

截面轴测图

01/ 正面图

Architecture+Interior Designers 和 AnL Studio (Keehyun Ahn + Minsoo Lee) 在韩国仁川设计了一个名为 OceanScope 的公共观景台。观景平台由可循环材料，如二手集装箱构建而成。

在许多韩国多农村地区中，二手集装箱因便宜的价格而经常被回收利用来搭建临时住所。然而，由于这些商用集装箱设计、使用不当，搭建出的建筑往往在周围环境中略显突兀，毫无和谐之美，因此对农村环境与景观产生了消极的影响。考虑到这些问题，韩国最大的港口之一——仁川市市长提出搭建 OceanScope 观景平台的建议，意在挖掘出那些全新集装箱在公共空间的实际再利用的潜力，赋予那些单调集装箱新的审美功能，并寻找其与乡村景观自然融合在一起的方法。

OceanScope 由 5 个二手集装箱构成，其中三个集装箱用作天文台，两个集装箱用作临时展览空间。在设计工程中，设计团队没有中规中矩地将标准的集装箱简单地线性对齐、罗列堆放，而是构想了一个美观标志性的地标，并通过建筑框架、捕捉视图、美观的造型等方方面面，凸显建筑本身的特点和功能，呈现出仁川城的美景。

该项目通过对二手集装箱的绿色改造，体现了其可持续性以及经济性，造就了这个历史悠久的落日欣赏公共观景台。为了克服建筑本身地面过低而不能观赏美丽日落的缺陷，设计师将三个集装箱分别呈 10°、30° 和 50° 倾斜。这将使游客可以通过不同的入口、按照不同的顺序进入楼梯之中，分别欣赏海洋、新仁川大桥和日落的别样美景。

02 / 侧面图
03-04 / 细节

03

04

05

06

05-06-07-08-09 / 细节

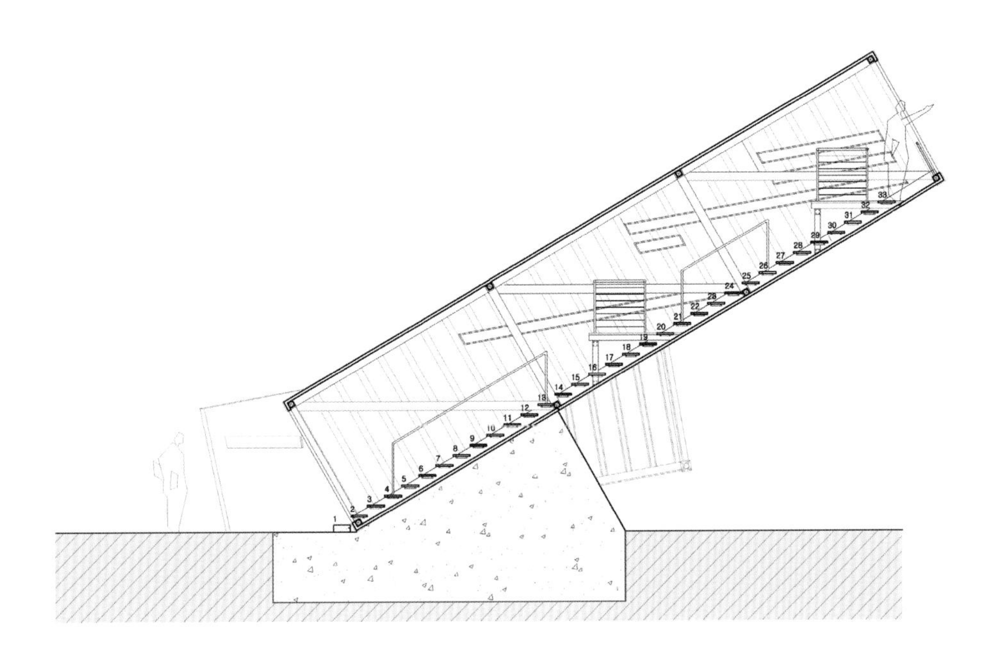

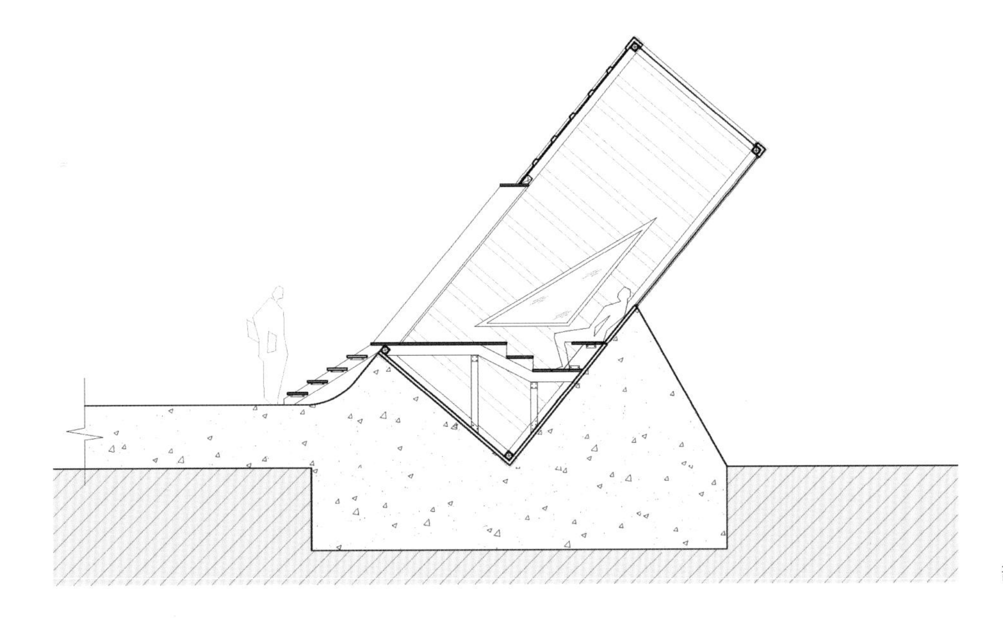

剖面图

游牧艺术馆

项目地点 美国，纽约 **项目面积** 5574 平方米 **项目时间** 2006 年 **项目设计** 坂茂建筑设计(Shigeru Ban Architects) **摄影** 迈克尔·莫兰 (Michael Moran)

01

游牧博物馆是坂茂为加拿大艺术家格利高里·考伯特 (Gregory Colbert) 的 “灰烬与雪” 艺术展建造一幢可移动的博物馆。为建造这样一座可移动博物馆，将设计最终付诸于实践，坂茂在这一过程中遇到了许多的困难。

游牧博物馆的主体结构是由 6 米长的集装箱组成的，由于使用的每个集装箱都是到处租借的，还有一部分的集装箱在施工现场用材料的运输，如拉伸屋顶膜及其支撑结构、7.5 米直径的纸管柱和 3 米直径的纸管桁架屋顶构件。材料的逻辑运输很容易,但在圣莫尼卡,有两个意想不到的问题发生了。首先，由于增添了书店和用来展示格雷戈里·科尔伯特拍摄新片的可转换面积大小的电影院，场地总面积必须增加 1000 平方米。纽约码头上长达 205 米，而宽仅为 20 米的线性长廊需要调整为近似方形的 165 米 × 150 米场地，以应对圣莫尼卡完全不同的现场条件。所以画廊被分成两半，在空间上与书店中心和电影院中心平行。

在建造纽约展览时，外墙由集装箱叠放而成，利用白色倾斜的 PVC 板填充集装箱之间的缝隙，并利用集装箱固有的端脚将其固定在角落。解决了面积的问题，设计团队又不得不面对不同州际间的差异问题。

在纽约，箱底以简单的钢梁结构为基底，集装箱建筑可以作为临时建筑。但是在圣莫尼卡，这样一个不稳定的结构不能被用作临时建筑。此外，圣莫尼卡还规定每个集装箱之间的箱下跨度达到 26kN。这是通常所需的抗震标准的两倍，这就意味着地基安装加固是不可或缺的。

在圣莫尼卡，集装箱按照与纽约相同的方格图案进行堆放，并在每个集装箱的角落处钩在一起。除此之外，集装箱还需要作为圣莫尼卡法规的一部分加以锚定，以增强抗震能力。

在纽约，游牧博物馆已经被批准为临时建筑，通过在集装箱下放置“H”形梁柱来实现简单的基础。但是由于圣莫尼卡的不同规定，游牧博物馆想要作为临时搭建的建筑是不合乎标准的。5 月中旬在圣莫尼卡展览之后，游牧民族博物馆从 2007 年开始在东京和其他亚洲国家，甚至是欧洲进行巡展。在纽约和圣莫尼卡的时候，坂茂意识到旅游博物馆的困难是当局的先入之见和艺术家的无限创意冲动之间的差距。

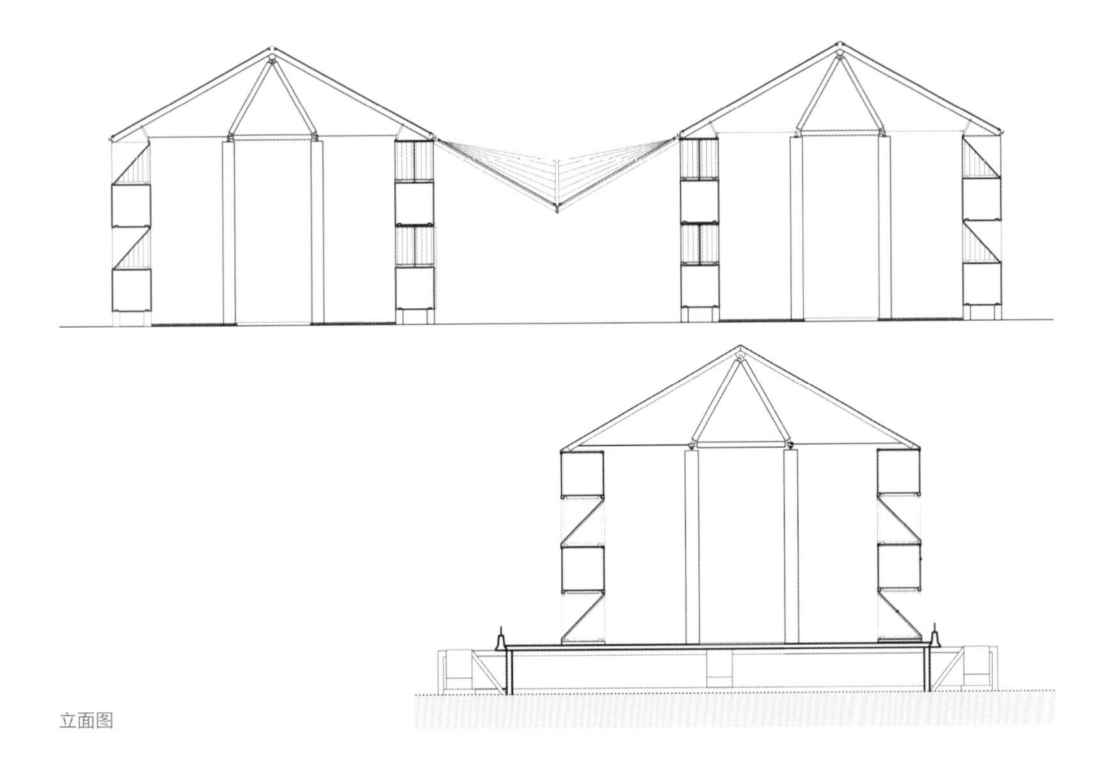

立面图

01 / 游牧艺术馆外景
02 / 细节图

03-04/ 游牧艺术馆内景

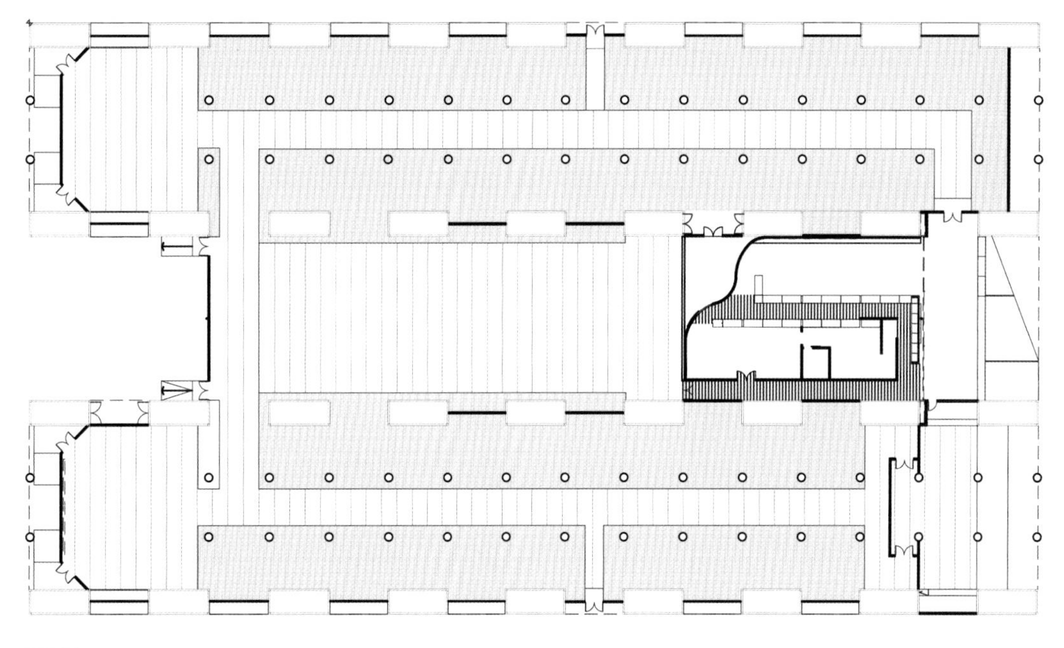

平面图

2016 康斯堡爵士音乐节

项目地点 挪威，康斯伯格 **项目面积** 144 平方米 **项目时间** 2016 年 **项目设计** mmw arkitekter as one **摄影** 尼尔斯·彼得·戴尔、汤米·约翰森（©mmw.no> Nils Petter Dale, ©mmw.no>Tommy Johansen）**客户** 2016 康斯堡爵士音乐节

康斯堡爵士音乐节这样一个开放、包容的节日是为 18 岁以下的未成年人举办的活动。这是挪威历史最悠久的爵士音乐节之一，每天吸引约 3 万名康斯堡游客。该音乐节侧重于新音乐和创新爵士乐，旨在向游客展示挪威最激动人心的爵士乐节目。

作为爵士音乐节的一部分，设计团队在康斯伯特中心，用五个新的集装箱搭建了音乐会舞台。选用集装箱的目的是为了在音乐节期间，更好地将吸引人们汇聚于此。在这里，人们可以尽情地享受音乐，享受彼此陪伴的乐趣。2015 年夏天，举办方的试点项目 “Magasinet” 爵士音乐节成功举办，并在 2016 年循环使用了集装箱，将音乐节的名字改成了 “The Jazzbox” 。

爵士乐箱由 5 个 12 米的集装箱组成，是个可移动的建筑。开放式的结构方便人流进进出出。一座巨型帐篷捆绑在两个最高的集装箱的两边用来避雨。观众既可以坐在室内，也可以在近距离欣赏音乐会的同时感受外面温暖的太阳。

01 / 爵士音乐节入口
02 / 俯视效果图

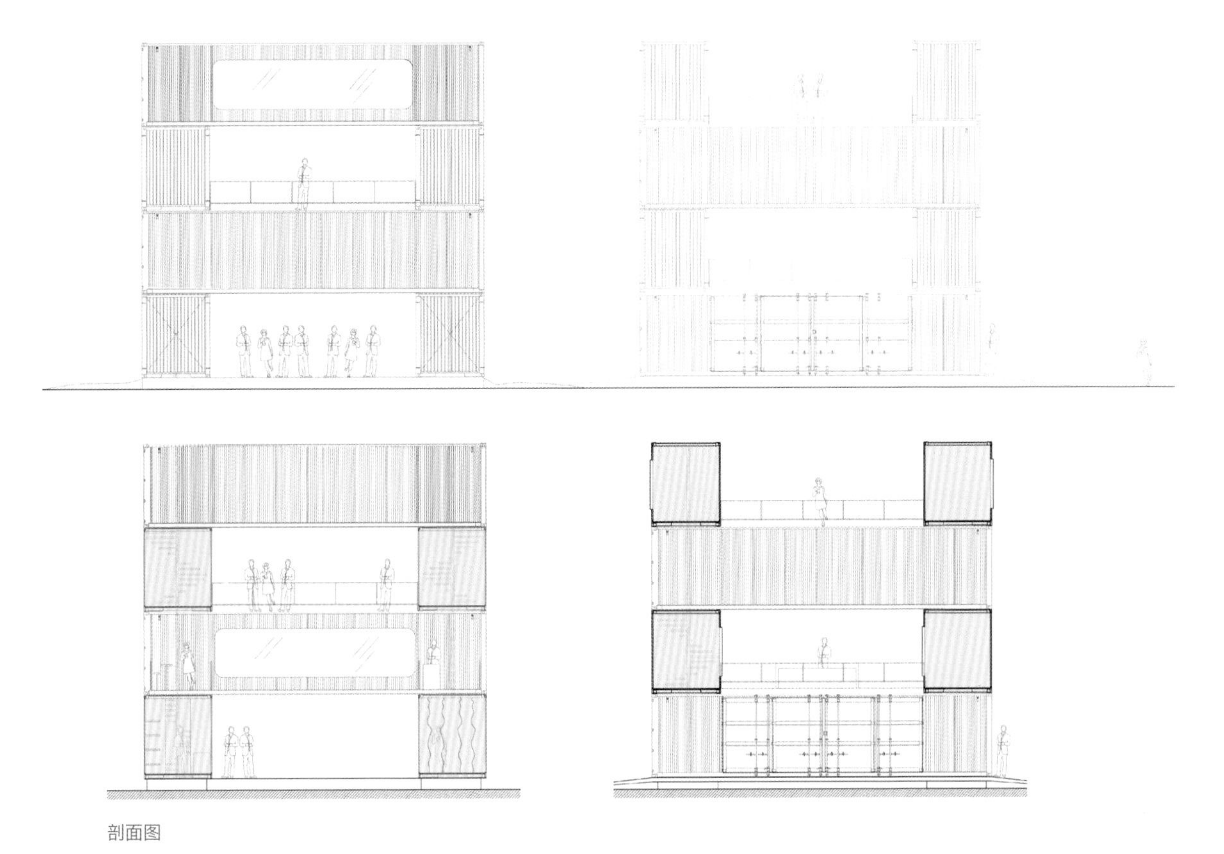

剖面图

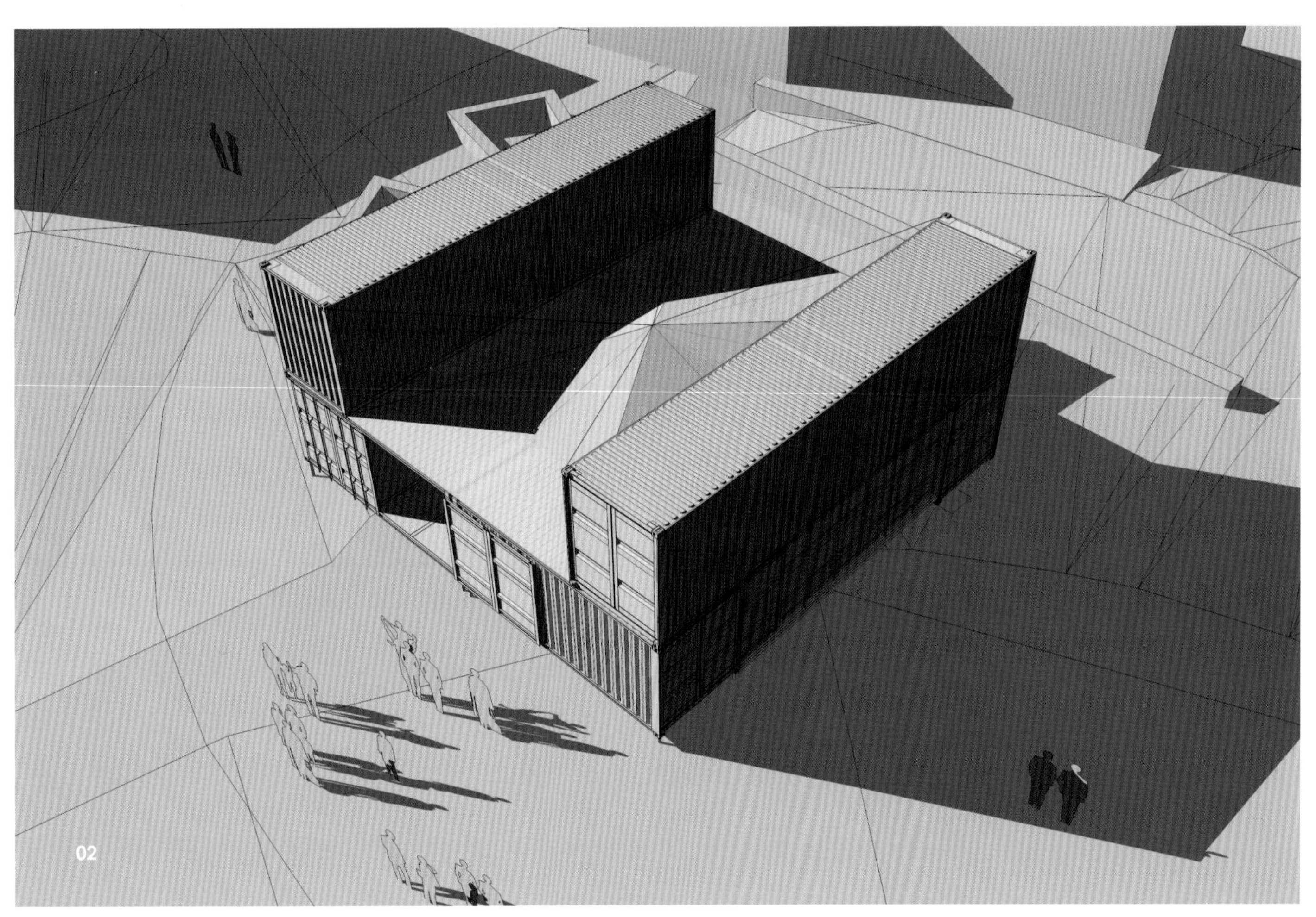

02

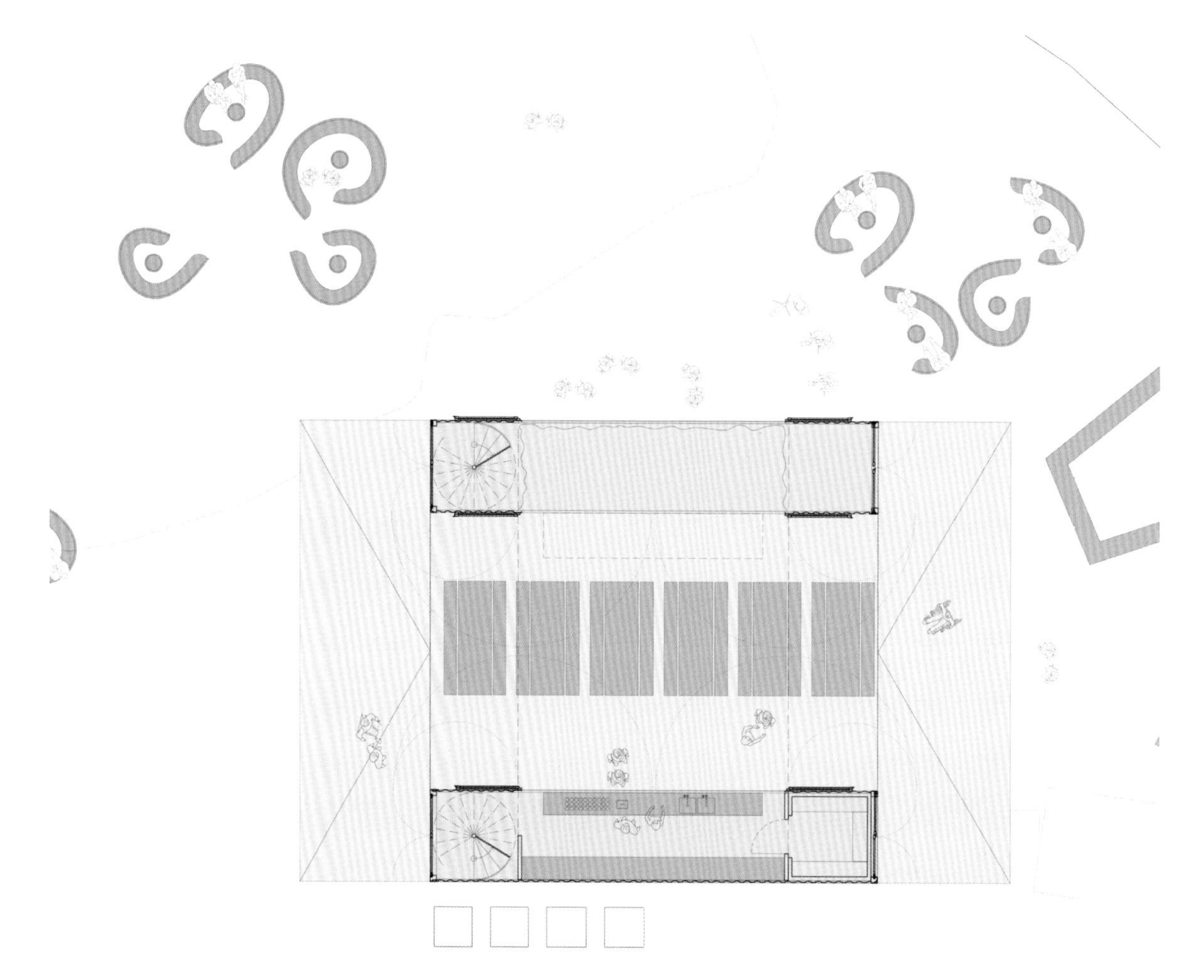

平面图

03 / 舞台内景
04 / 爵士音乐节入口

JAZZBOKSEN
jazz
FXLU 9500370
45G1
CAUTION
LCRU 460360 1
HANSEN
FXLU 9500364
45G1
BAR

04

行走林间

项目地点 日本，犬山 **项目面积** 140 平方米 **项目时间** 2016 年 **项目设计** 梶浦博昭环境建筑设计事务所 **摄影** 吉池辉朗（Teruro Yoshiike）**客户** 佐桥胜见（Katsumi Sahashi）

01 / 集装箱商店环绕的口袋公园

行走林间位于日本犬山城中心。设计小组在一处商业企业之中，利用七个集装箱和一个口袋公园。七个集装箱分别用作洗手间和独立的商店。行走林间的原身是七幢建筑物，是城市重要的历史都市风光之一，却因 2015 年的一场火灾而毁于一旦。因此，重建此地成了当务之急。设计师希望这个项目不仅仅是为了迎合游客，成为为旅客提供服务的商业建筑，更希望它能够得到当地人的认可与喜爱。

项目中心有一口井，它不仅可以作为现在与过去相连的象征，而且还可以直接充分使用广场中的井水。设计师认为“水”应该是这个项目的重要部分，是这个项目的关键词，并且为了保留火灾的历史痕迹，将“水”字悬挂在朝向马路那侧大门的屋顶瓦片上。由于现在的业主有 20 年的土地租赁权，因此设计师在设计时充分考虑环境和经济，故在最后选择了使用集装箱。如果山地和森林遭到破坏，那么水也会被污染，接下来会影响来到平坦的陆地，然后是海面下游。自然是循环的，牵一发而制全身。所以，我们要保护森林，保护好我们赖以生存的生存环境。

设计师希望更多的人可以通过自己的项目认识日本文化，特别是日本特有的“树木文化”。坐在屋顶甲板上，看着犬山这座历史城市的瓦砖，希望人们能在这个地方谈论自然、历史、文化和城市。

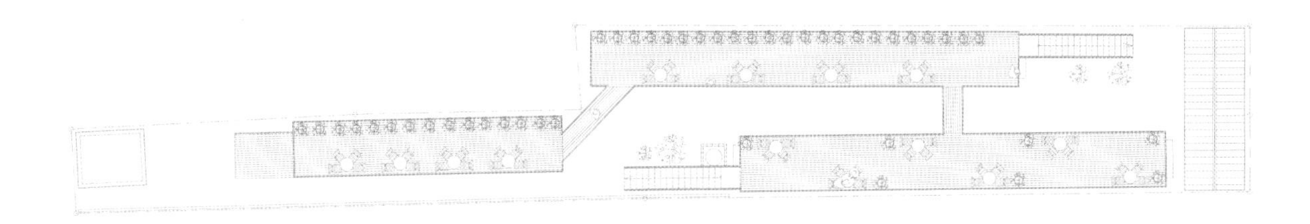

屋顶平面图

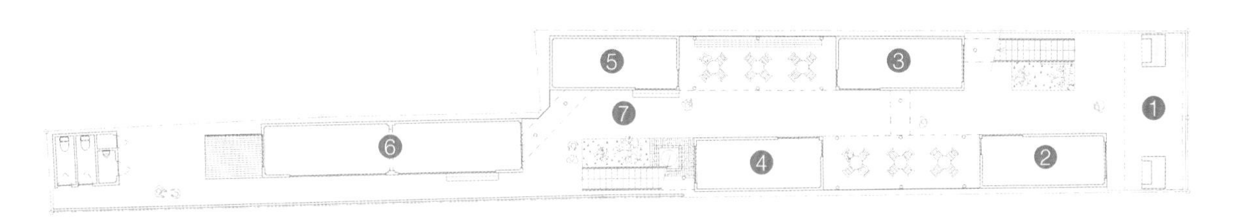

1 商店 5
2 商店 4
3 口袋公园
4 商店 3
5 商店 2
6 商店 1
7 大门

一层平面图

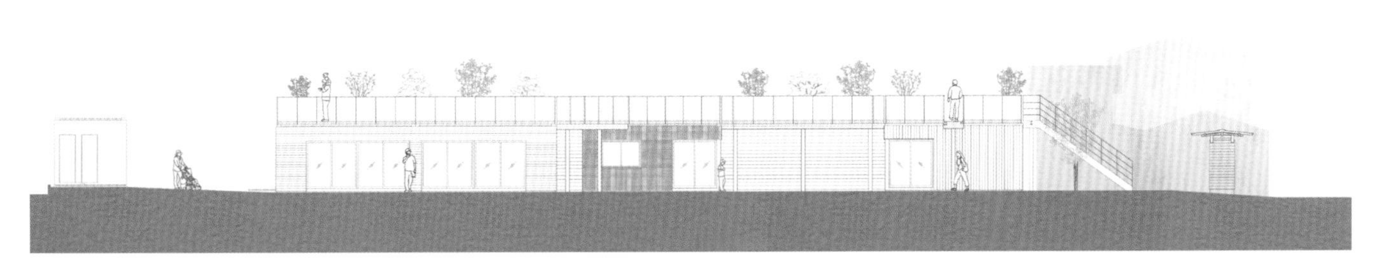

立面图

02

03

02 / 细节
03 / 集装箱屋顶
04 / 店铺内景

04

拜尔集装箱

项目地点 加拿大，魁北克 **项目面积** 202 平方米 **项目时间** 2014 年 **项目设计** Hatem + D **摄影** 洛基盒子设计（Loki Box Design）

Loki Box Design 团队受客户拜尔公司的委托，为他们打造一个展馆。拜尔公司是多个文化活动的赞助商。设计师的目的就是设计出一个可以在全国各地游走的便携式展馆，以便客户在节日和大型活动使用。这个屡获殊荣的令人惊叹的设计，采用独特的空间和光线，吸引世界上最负盛名的活动聚集于此。这个多次获奖的旗舰产品便是项目本身的模块化设计和移动便利性。

该项目为任何品牌量身定制，为客户举办大型的、最负盛名的场外项目提供条件。项目一共由 6 个集装箱组成，高 11 米，共有四层 202 平方米的可用空间，内部配有 LED 屏幕、VIP 贵宾屋顶阳台、暖通空调等。设计公司使用回收集装箱和环保型建筑材料，根据客户的需要量身定制。可持续的绿色设计一直是设计公司所崇尚的理念。设计师通过创造独特的建筑元素来克服传统建筑设计的限制，使客户可以轻松地成为关注的中心并给他们带来灵感。

由可回收的产品钢制成的海运集装箱是世界上最强大的模块化结构。现代集装箱概念认识到，目前临时住房的需求越来越大，现在的人通常没有长远的计划，买永久性住房的话可能会在今后面临搬迁或家庭产生压力。本项目意在为客户提供视频播放馆和图片展览馆、贝尔公司产品和服务的展览与采访和演示。因此，这个项目不仅仅是一个商业性质的，更是带有文化色彩的。

01 / 集装箱正面图
02 / 集装箱侧面图

02

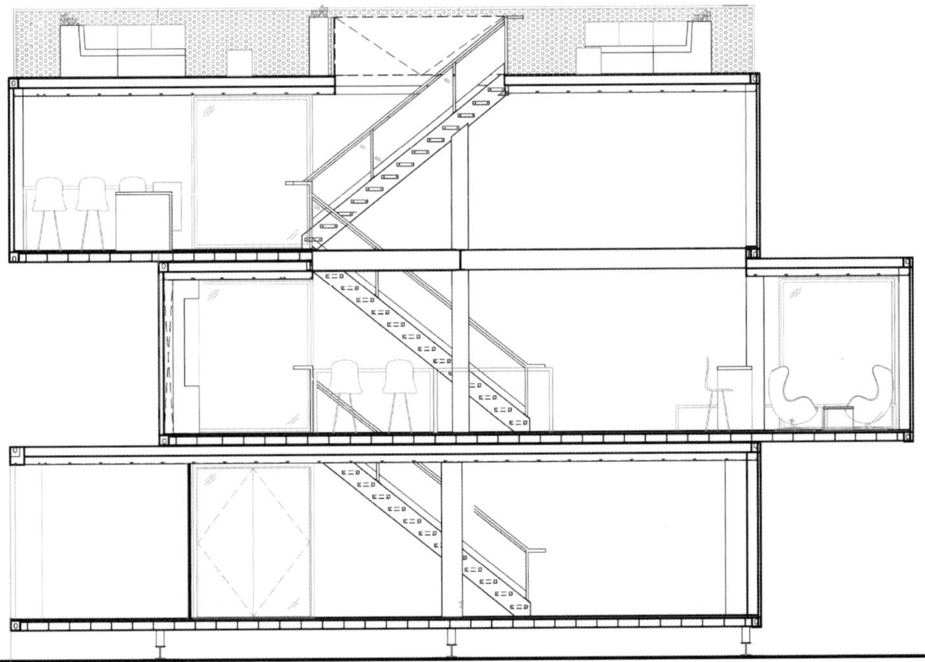

剖面图

Bell
FRANCOFOLIES
Garou
Aujourd'hui
Scène Bell | 23h00
Michel Rivard
Scène Ford | 19h00
IAM
Scène Ford | 20h00
Autour de Lucie
Scène Ford | 22h00
Marie Mai
03

04

03-04-05 / 内景

05

06

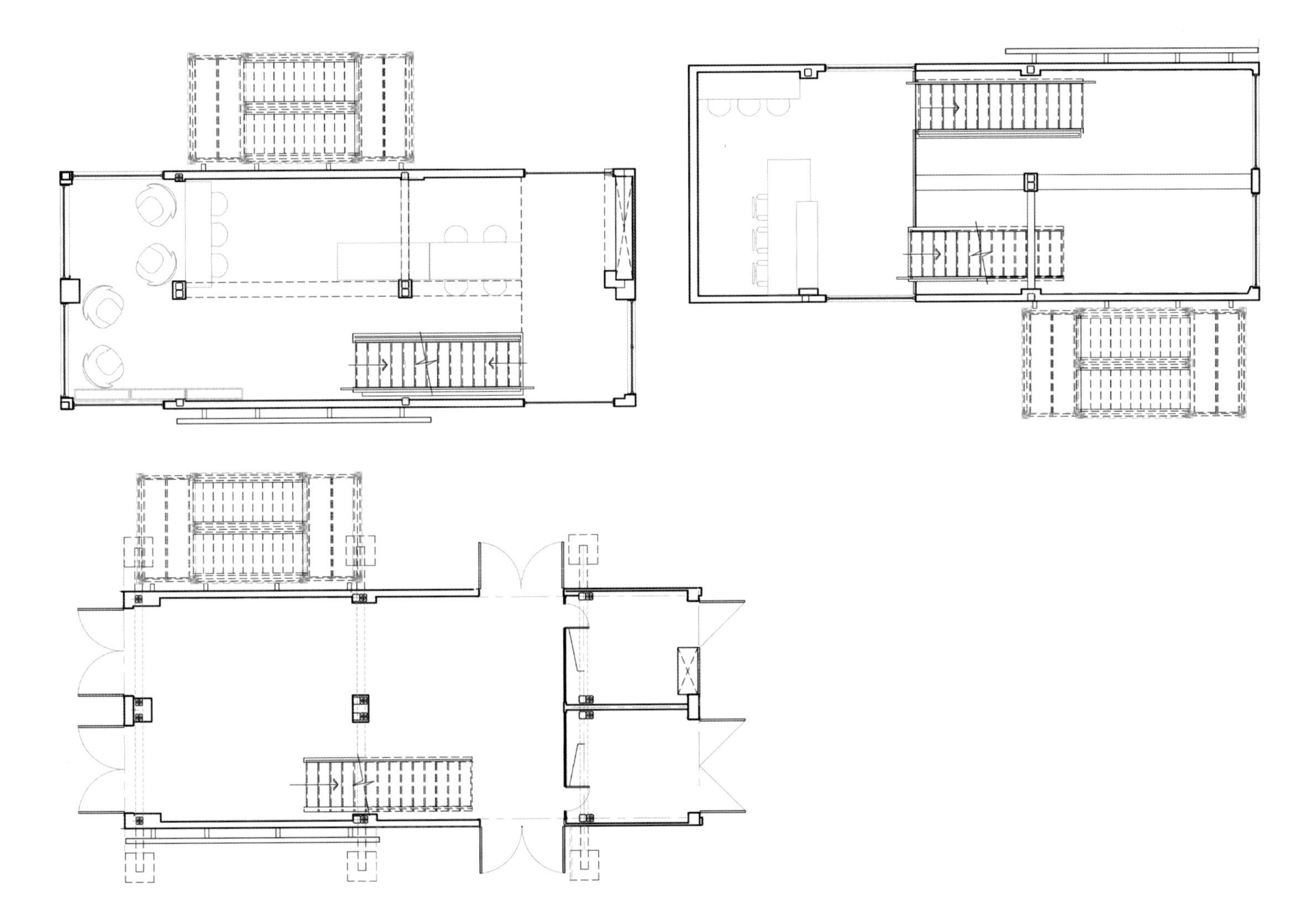
平面图

SO TABLE KOBE 0330

项目地点 日本，神户 **项目面积** 182.64 平方米 **项目时间** 2017 年 **项目设计** 一级建筑事务所 A.S.A.P.designla、Katsuyoshi Shindoh、IDMobile Co.,LTD

01

神户港面向山海，自然与地理条件十分优越，作为经济发展与文化交流的中心，现在它已发展成为国际性贸易港口。这次建造的“SO TABLE KOBE 0330（意式餐厅）位于神户港中心位置的美利坚公园。因其毗邻神户港塔，所以它与神户港塔共同被人们认为是象征着神户的标志。

关于 SO TABLE KOBE 0330 的建筑设计，由于神户港是国际港口的主要物流基地，所以他们采用了使其形象化的“货物专用集装箱”的建筑设计。计划通过这个设施，让人们能够真切地感受到神户特色、神户的历史、神户的饮食文化和神户的生活方式，通过这种方式将人们聚集在一起，他们想建造的就是这样一个自由的“箱子”。关于建筑设计，12 米和 6 米是立体组合框架设计，充分利用集装箱特定的尺寸感觉。关于外观，通过将 12 米部分的第二层向外侧滑动约 1.2 米，制定了一个在整个建筑物中产生张力和节奏的设计方案。

此外，由于内部空间向 40F 的外侧移动，因此在中心处设置了溢出空间，消除了与容器特有的高度限制对天花板高度的压迫感。在中央的通风空间的开口处设有一个 4 米高的玻璃窗，使其成为一个充满了外部光线的丰富空间。在建筑物的屋顶上设置一个屋顶平台，以便人们进入建筑物的上部，从屋顶可以看到神户港的夜景。由于 SO TABLE KOBE 0330 的命名象征着它是一个向国内外开放的港口，所以设计师采用日本的主要国际代码“KOBE 0330”作为建筑名称。相关人士希望 SO TABLE KOBE 0330 在今后能与以美利坚公园为中心的神户港共同成为象征着神户魅力的新标志。

01 / 正面图
02 / 侧面图

02

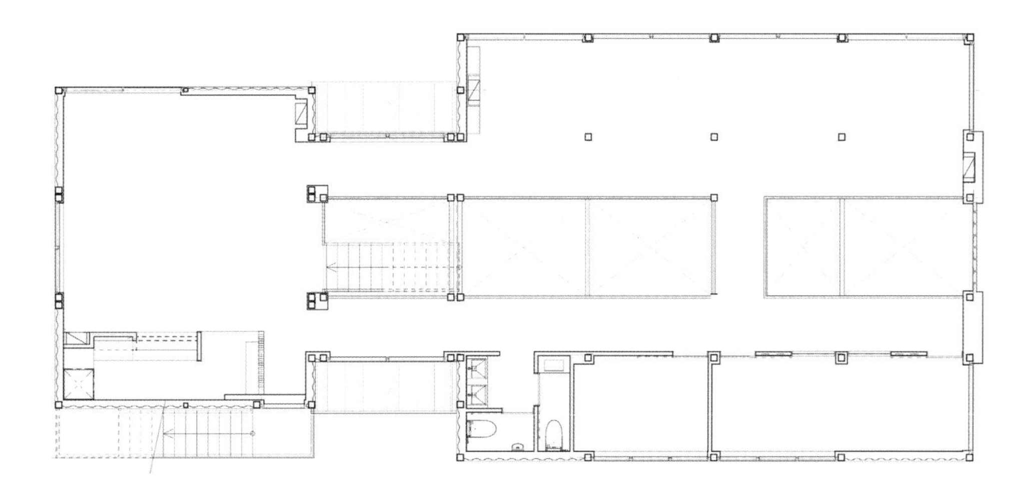

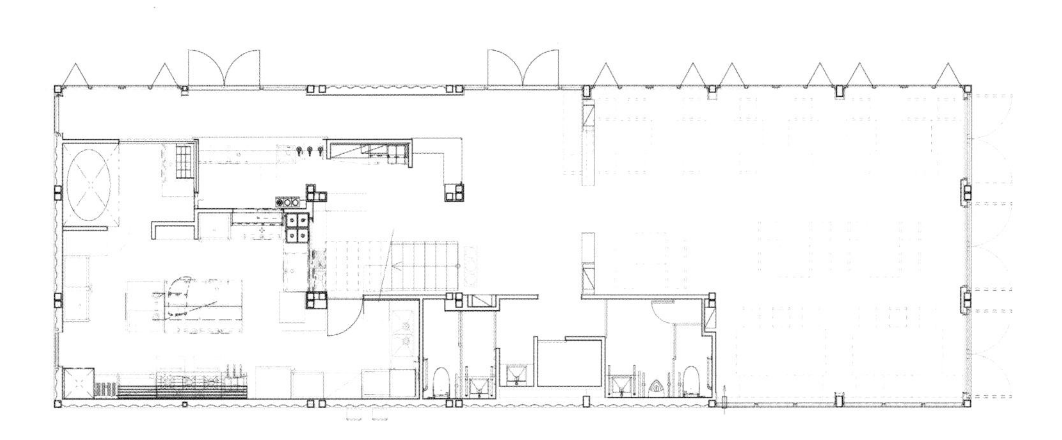

1 饭店
2 入口
3 办公室
4 厨房

03

03 / 饭店二楼
04 / 屋顶甲板

集装箱酒店

项目地点 捷克共和国 **项目面积** 60 平方米 **项目时间** 2015 年 **项目设计** 阿尔提克建筑事务所 (ARTIKUL architects) 帕威尔·雷尔丹 (Pavel Lejdar)、让·加百利 (Jan Gabriel)、雅库布·维尔塞克 (Jakub Vlcek) **摄影** 麦克尔·胡立赫 (Michal Hurych)

01

01 / 前侧视角
02 / 后侧实景图

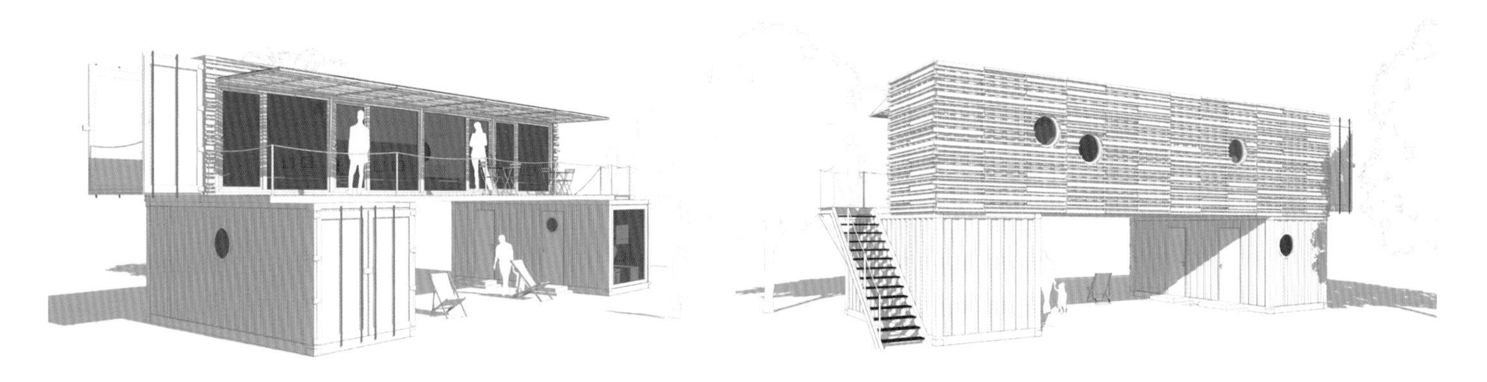

各角度视角

这幢由二手运输集装箱组成的小型移动酒店是由阿尔提克建筑事务所设计的。项目位于离捷克共和国利托美利斯不远的易北河河畔冲浪露营地。客户以环保与自给自足为理念，希望设计师可以打造出一个由三个运输集装箱拼接而成、可移动、易拆卸的季节性酒店。这个在四个月内建成小型酒店共有 5 间客房，可供 13 位客人同时居住。它的顶部由两个 6 米的集装箱和一个 12 米的集装箱组成。酒店楼下设有卫生设施、技术室、储藏室和一间四床客房。楼上的四间客房共享一个露天台，在那里，客人可以欣赏河流和周围丘陵景观。每个房间只有一面釉面墙壁，因此，不但每个房间通风状况良好，而且房间内部也自然与周围的景观完美融合。

所有定制家具，如墙壁和天花板，都是由桦木胶合板制成。各种颜色的天然油毡以及纯黑色工业照明和装饰细节将房间区分开来。墙壁上梯形板片再没有多余的修饰，并与耐热木结合作为淋浴间的地板使用。

经济的选材和极简的设计强调了酒店现代游牧理念，突出了酒店海滩与海洋的主题。酒店保留了集装箱原始的深蓝颜色及图案，用圆窗和由绳索与网制成的栏杆加以装饰，进一步强调了这个主题。

02

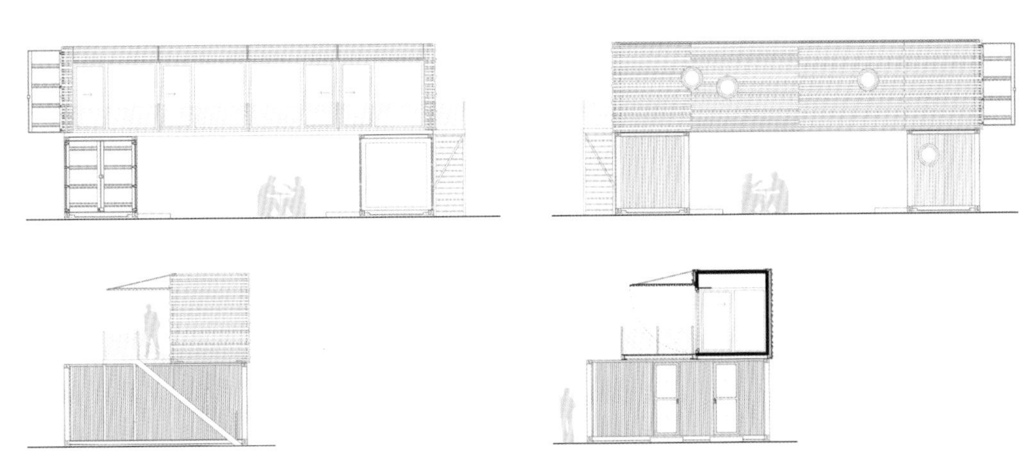
立面图

设计师将集装箱放置在铁路枕木上，使其与本地电源相连。这一巧妙的设计使可以酒店不受其他线路干扰，自己发电配电。集装箱设有内置水库，可供酒店内部淋浴与水池的用水。为了贴近客户环保的理念，设计师更是为其搭配了省水的水龙头和现代化的无水分离式马桶。酒店提供可降解的化妆品。为避免房间在夏天室内温度过高，设计师在玻璃墙上方安装了一个遮阳篷，并用附近的锯木厂剩余的废木板制成的隔热板覆盖建筑的表面。

03 / 带有公用露天台的双人房内部
04 / 公共露台
05 / 双人房与阳台
06 / 带阳台的双人间内部细节

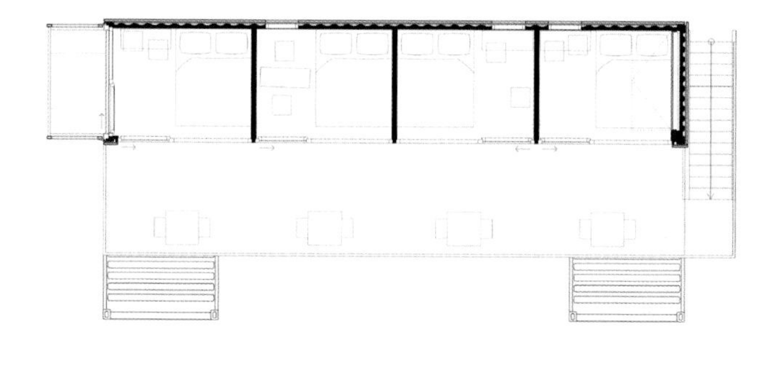

二楼平面图

05

06

07 / 四床房内部
08 / 窗外四张床房实景图

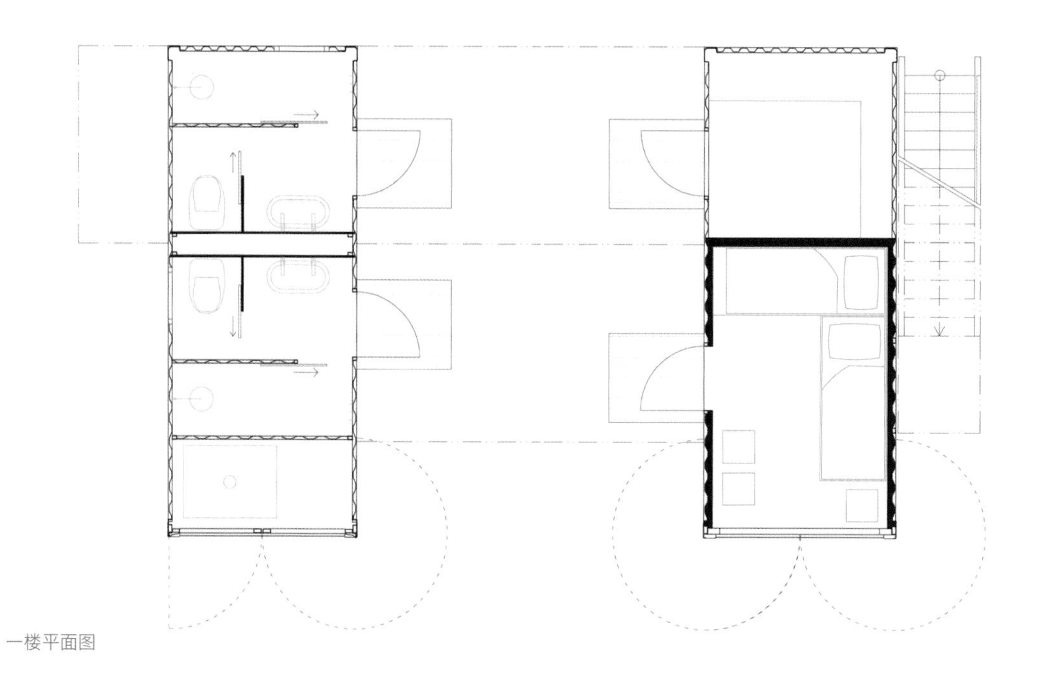

一楼平面图

08

叠装叠

项目地点 中国，太原 **项目面积** 307 平方米 **项目时间** 2015 年 **项目设计** 张明慧、宋瑞铭、张朕、何哲、沈海恩、臧峰 **摄影** 众建筑
客户 千渡房地产开发有限公司

01-02-03-04 / 叠装叠外景

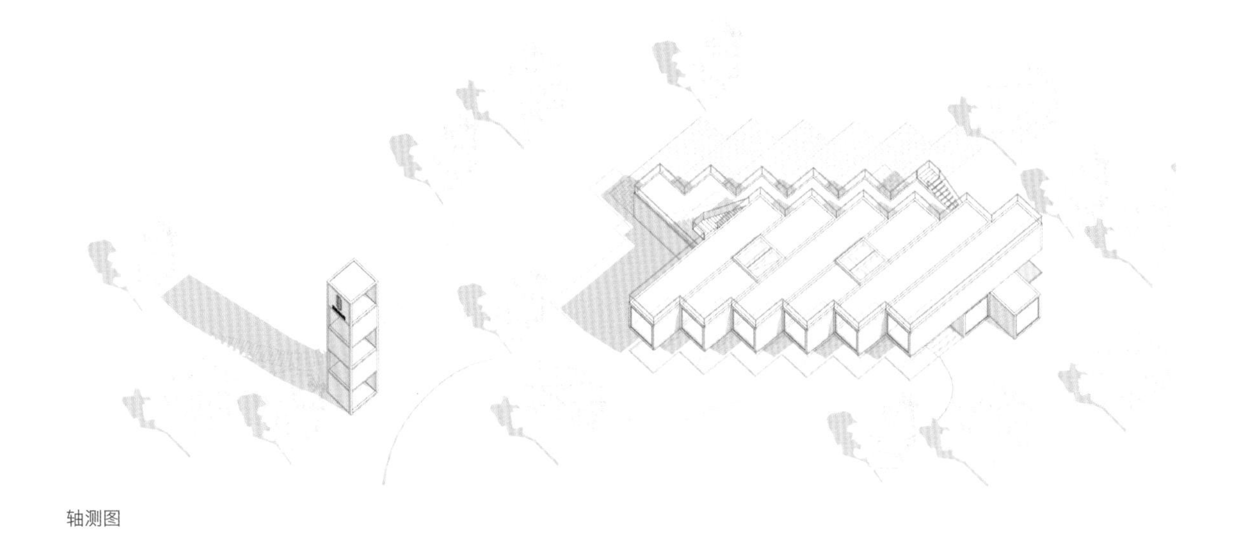

轴测图

叠装叠是利用集装箱改造的小型展示空间，且在展示功能结束后，还可拆分和重组，放在绿地作为分散的服务设施使用。通过层叠、交错、拉伸等动作，简单的长方体量被组合为多样灵动的空间。十二个相同长度的集装箱，被分为上下两组，同一组的六个集装箱逐个后退，呈锯齿状平面排列。上下两组垂直错落排布，一端构成悬挑，正下方设置沙坑，为附近儿童提供了嬉戏的场所；另一端形成二层露台，可举办室外活动，并与上排集装箱顶部的三层平台以楼梯相连，产生更为丰富的屋顶活动空间。通过层叠、交错、拉伸等处理，这些简单的长方体量被组合为多样灵动的空间。

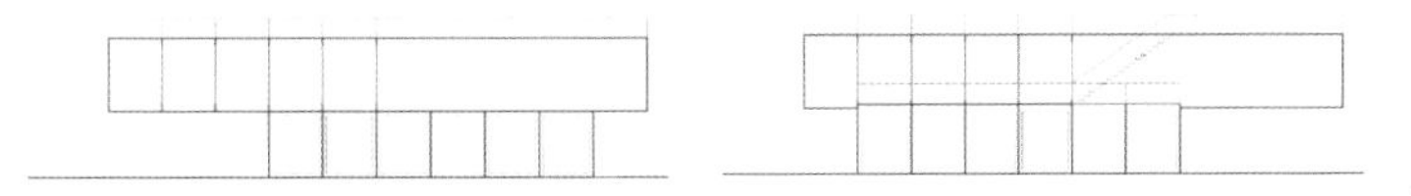

立面图 1

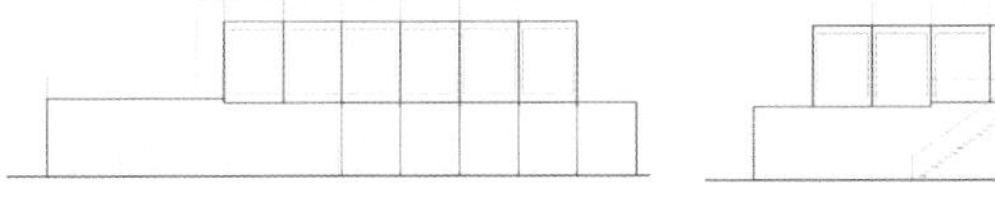

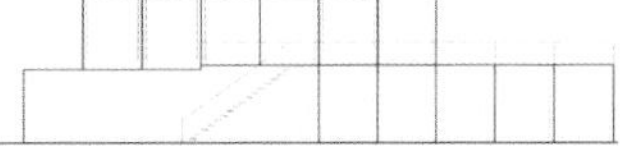

立面图 2

05

在室内，两层交叠之处去除顶板和楼板，将上下两层空间连通起来，形成贯通的中庭，并在顶部引入自然光线。室内灯光都采用通长的灯条，方向与集装箱的长边一致，于是中庭处就产生了上下层灯光相互垂直的效果。每个箱体单独拼装，两端通透的大面玻璃打破了集装箱的密闭感，并与侧边实墙面形成强烈反差。上下两组集装箱的箱体内外，被分别饰以黄色和红色，在灰色的城市背景中格外显眼。叠装叠毗邻高速路，向不同方向伸出一个个窗口，张望城市的同时，也展示着内部空间的一切。

06

05-06-07 / 内景
08 / 外景

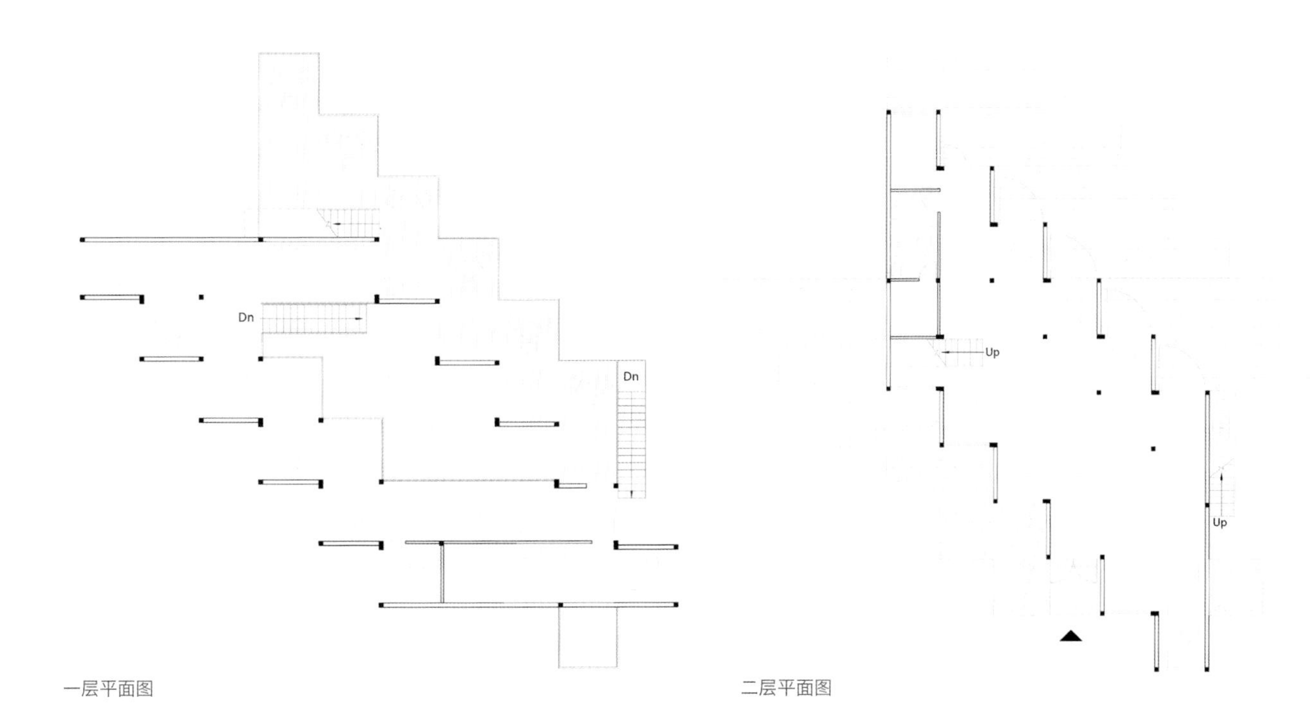

一层平面图

二层平面图

凯撒宾馆

项目地点 越南 **项目面积** 195 平方米 **项目时间** 2016 年 **项目设计** Ngo Tuan Anh **摄影** Quang Tran

01 / 宾馆入口
02 / 剖面图

凯撒宾馆是越南芽庄第一家用海运集装箱修建的宾馆。凯撒宾馆地理位置优越，位于城市的北部，距离市中心大约 3000 米远，从宾馆走到海滩上只需要 3 分钟。凯撒宾馆距离芽庄的巨大石岬、高棉人女神的庙宇、天然矿泉水度假村及其他著名旅游景点很近。

凯撒宾馆秉承“全世界旅行者在此皆为一家人”的信念，专门为背包旅客提供了便捷舒适的居住体验。凯撒宾馆与普通家庭住宅功能相近，作为卧室的集装箱里面有多功能床，有厨房和起居室等共享区域，还有卫生间和盥洗室等

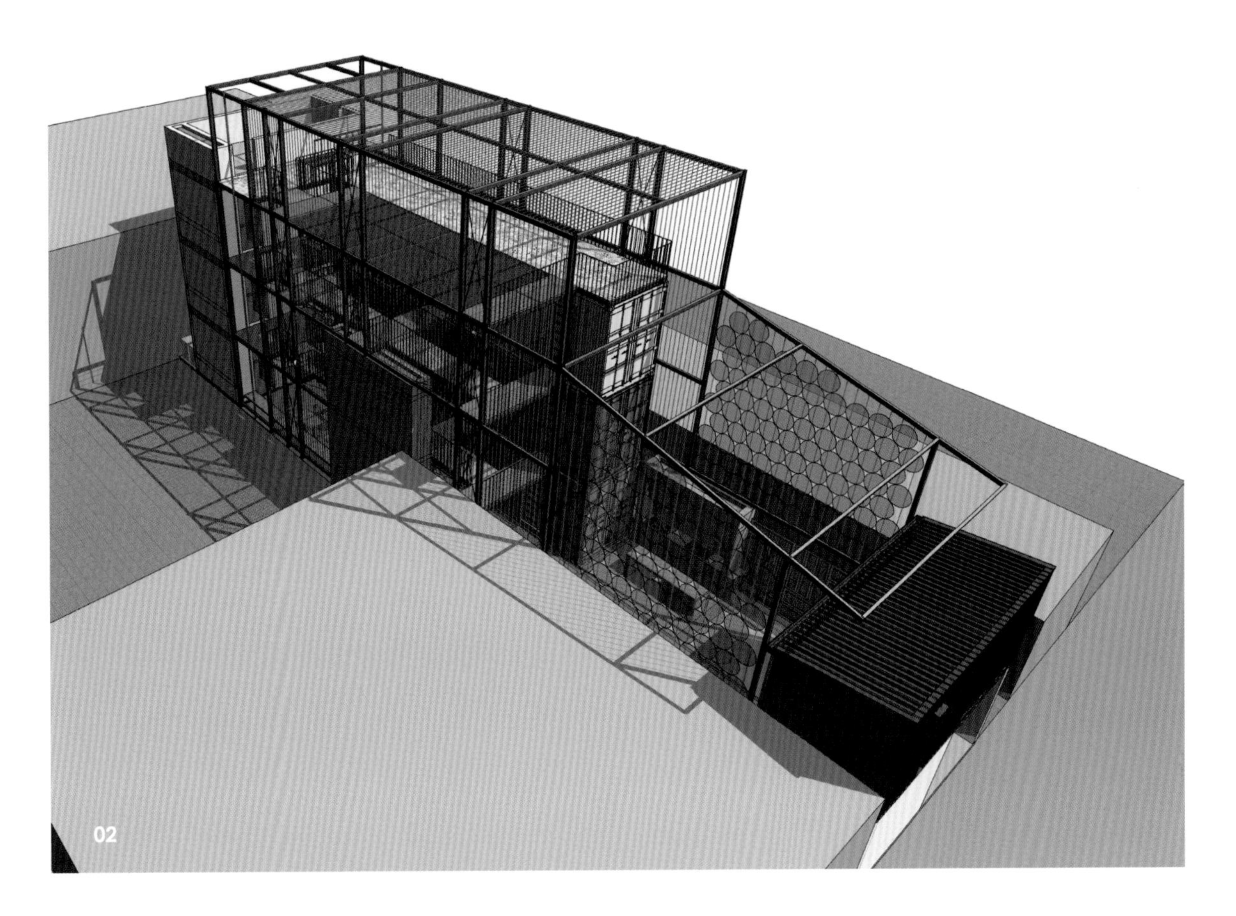
02

建筑立面图

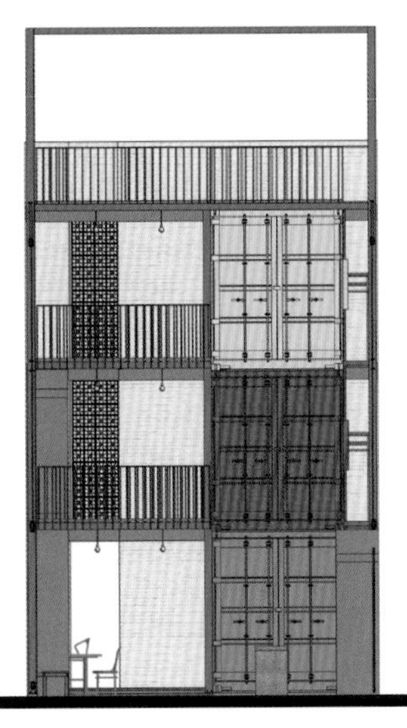
剖面图 1

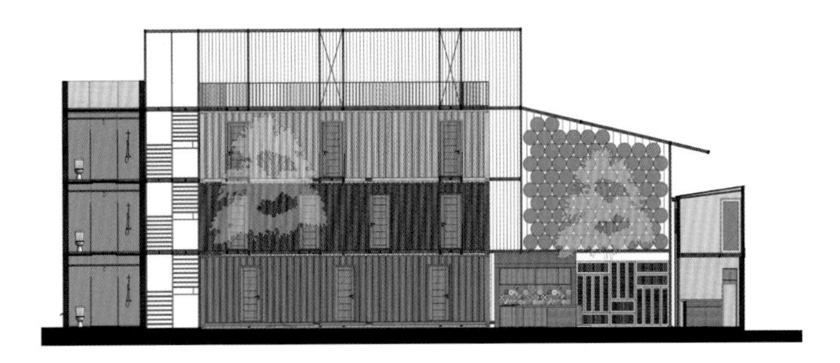
剖面图 2

洗漱区域。屋顶的平台被改造成了游戏厅。酒店的客房面积被高度集中利用，床位的空间被最小化，空间甚小，仅足以用来睡觉。相反，公共区域和供洗漱共享区域被最大化。这一公共共享区域的最大化可以为旅行者们提供自由舒畅的交流平台。宾馆包括了三个功能区：服务区、住宿区和浣洗区。

03 / 公共空间

服务区由黑色金属框架与黑色金属板搭建而成。这里除了可以用来接待之外，同时也是一个简易酒吧，屋顶有装有可调控的遮光帘，可以在阳光充足的时候将遮光帘掀开，使温暖的阳光洒入大厅。客房由三个不同颜色的大型集装箱堆落而成。浣洗区的设计中规中矩，由白砖墙与混凝土建造而成，彰显建筑原始的朴素天然质感。

这个项目的最大亮点便是卧室的入口。走廊与集装箱之间是种满绿植的天井，由于走廊也是单面采光的，所以整个区域非常通透明亮。比沉闷单调的走廊，这样的独特设计给人入住前一个大大的好心情，使旅客在进出卧室时都会感到非常放松。此外，露台屋顶也采用了大胆的设计，将大型吊床挂于空隙之间，使旅客可以感受到自然的浮动感。凯撒旅馆在翻新后吸引了众多旅客。这座宾馆不但使更多的空间得到绿化，而且还能减少对城市环境的负面影响。

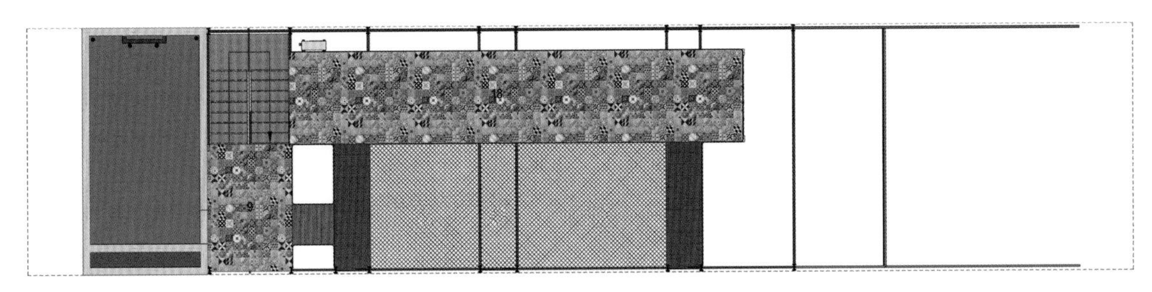

顶楼平面图

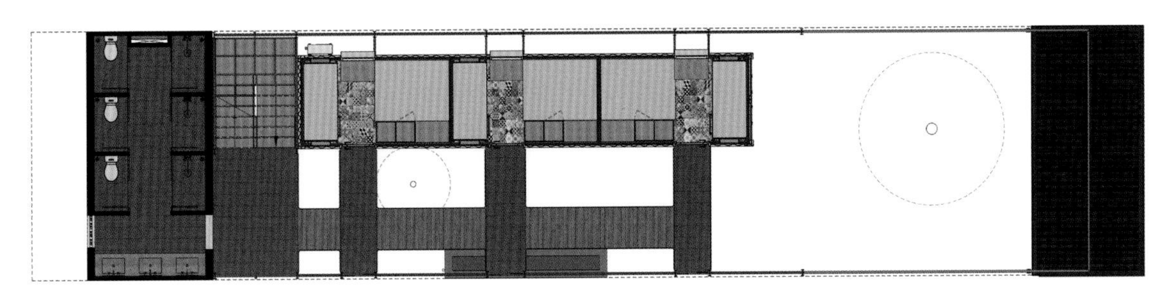

三层平面图

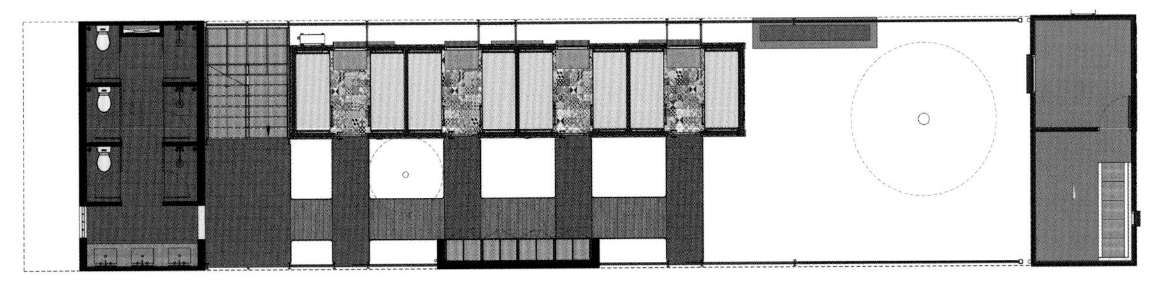

二层平面图

一层平面图

04-05 / 细节
06 / 休息室

06

07 / 家庭小屋
08 / 卧室
09 / 厕所和淋浴
10 / 顶楼

10

Doedo 新能源汽车充电服务站

项目地点 中国，东莞 **项目面积** 315 平方米 **项目时间** 2016 年 **项目设计** 斯帝建筑科技 **摄影** Apollo

01

随着低碳经济成为我国经济发展的主旋律，电动汽车逐渐成为新能源战略和智能电网的重要组成部分。集装箱的模块式快速建筑与预制装配建筑模式和低碳环保主题紧密相连。本设计方案因地制宜，在功能上满足充电、维修、休息、娱乐、广告宣传等需求，在造型上也具有趣味性和时尚个性。

建筑以深灰与柠檬黄作为主配色，形成极大的视觉冲击效果。黄色作为道路交通标志的主要用色，对于车主而言更自带提醒注意功能。高级灰针对成年车主的高档，而鲜活跳跃的柠檬黄的加入不仅柔和了原本单一的冷色调，还丰富了色彩。

本建筑为两层半式结构设计。底部为机械工业风，线条明亮大方，为汽车提供方便的车位停泊及充电服务。流线型超级跑车风格的棚顶与侧面机舱式并排的玻璃窗户,使速度与激情之感油然而生。顶部玻璃天窗为二层室内休息室，并提供足够的光线，室内灰白搭配的墙面天顶，使室内呈现出简约时尚的风格。

01 / 正面图
02 / 背面图

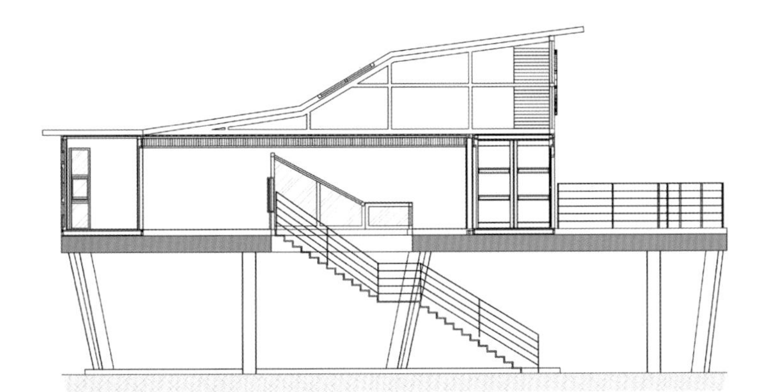

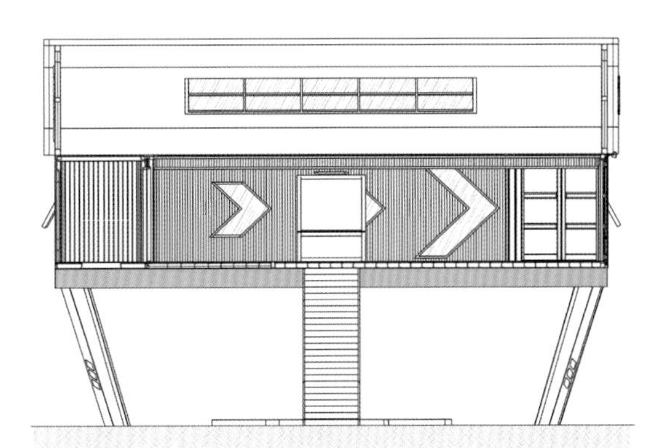

立面图

03 / 一楼加油区
04-05 / 二层客户休息区

04

05

阿尔法店铺

项目地点 巴西，阿拉萨图巴 **项目面积** 122 平方米 **项目时间** 2014 年 **项目设计** 集合工作室、超级笠茂工作室 (Contain[it]、SuperLimão Studio) **摄影** 玛利亚·阿卡亚巴 (Maíra Acayaba)

01

Contain[it] 与 SuperLimão 两家工作室采用高端的临时结构共同为巴西房地产项目打造了一所销售办事处。在巴西，这种临时结构十分流行并因其环保、可循环使用的特点而广受大家的喜爱。这两点也正是这个项目所追求的目标和理念。阿尔法维尔的销售活动具有很强的阶段性，刚搭建好不久的销售办事处很快就会面临被拆除，并在周围重新建造的可能性。而这一过程却会导致巨大的财政损失和环境破坏。阿尔法维尔面临的另一个问题是需要协调设置在全国各地的办事处。因此，解决这两个问题的关键就在于创建可重复使用的模块化结构，模块化结构由 Contain[it] 公司在工厂中优先制定好，建成之后便可在阿尔法店铺各地的分公司之间自由运输和组装。

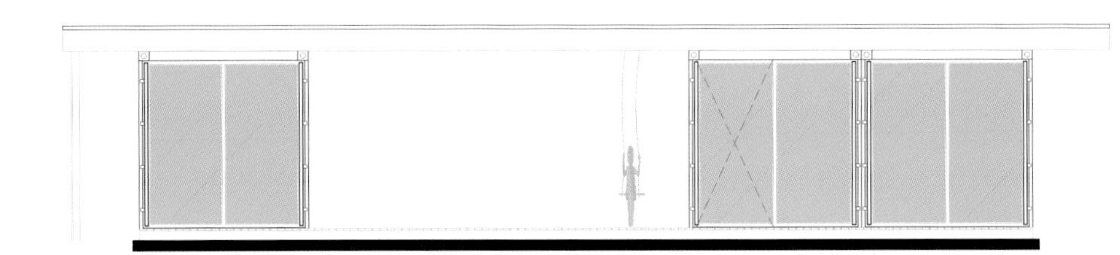

立面图 1

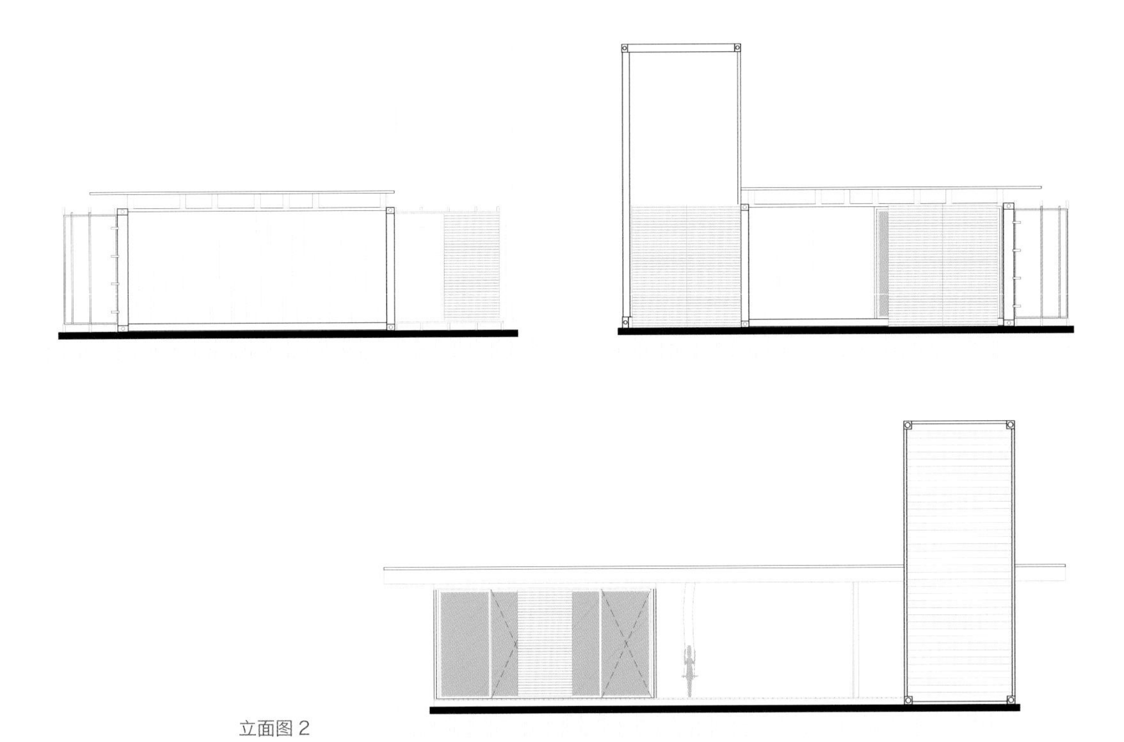

立面图 2

02

01 / 正面图
02 / 背面图

该项目的核心就是为销售办事处打造三个必备的模块：客户服务、办公室和厨房区、浴室和水箱域。根据不同的需要，这些模块可以单独使用或拼接成新的模块使用。设计师一开始就充分考虑到了材料的再利用性和其结构本身等因素。可循环集装箱不仅在结构上有其独特的优势，而且在交通运输中也可发挥重要的功能。整个项目在工厂进行预制作，之后，所有的内部配件都放置在集装箱内来进行运输。

项目周围的景观让人赏心悦目，建筑本身木材元素的使用给人以结实固定的感觉。垂直放置的集装箱高耸入云，十分显眼，在远处就可以清楚的看到这里。楼内设有水箱以保持水压的稳定。施工和安装过程中天气晴朗，没有下雨。无论是在工厂内部还是施工现场都极少有垃圾产生，施工和安装速度快且效率高。该项目以全新的方式打破了巴西房地产市场上销售办事处的传统形式。项目采用了可循环材料和认证的原材料，在节省了成本的同时，也在维持生态平衡、保护环境等方面做出了突出的贡献。其中，Contain[it] 集中生产过程简单、组装受干扰程度小。

03

03-04 -05/ 细节

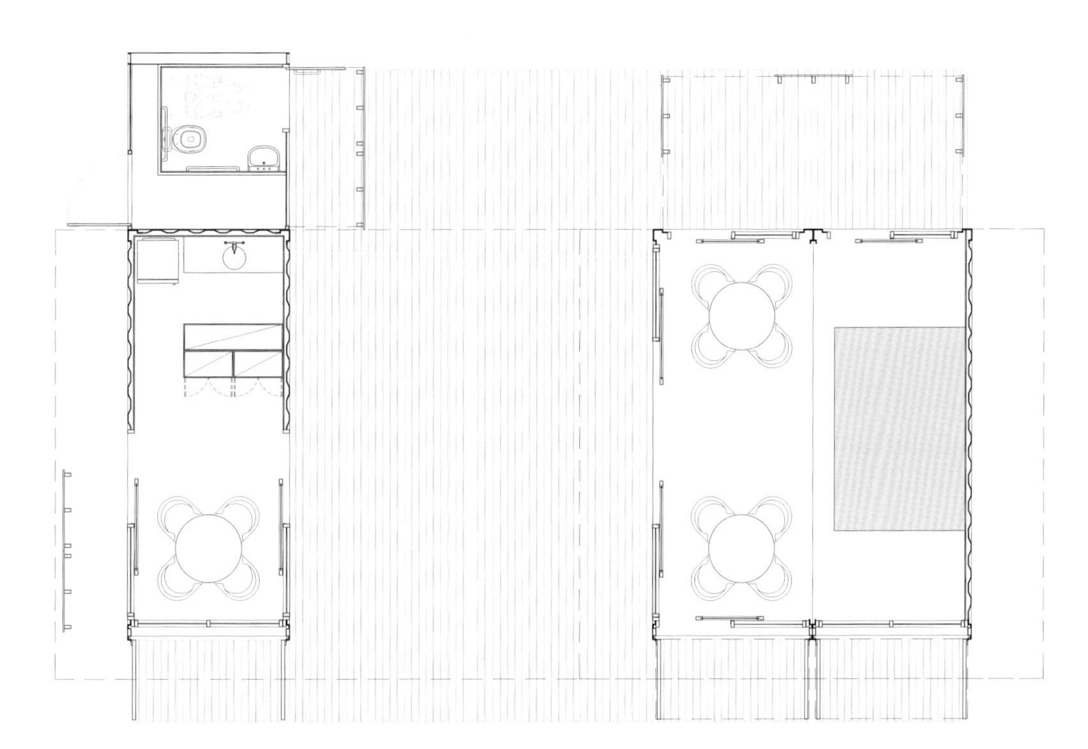

平面图

05

集装箱概念足球俱乐部空间设计

项目地点 葡萄牙，埃斯托里尔 **项目面积** 300 平方米 **项目时间** 2009 年 **项目设计** 雅罗斯拉夫·加兰特、伊洛娜·加兰特 (Ilona Galant, Yaroslav Galant) **摄影** 迪马·科尔尼洛夫 (Dima Kornilov)

01

雅罗斯拉夫·加兰特 (Yaroslav Galant) 为葡萄牙 "Grupo Desportivo Estoril Praia" 足球俱乐部设计了具有集装箱概念的特色空间。此项目搭建在原有的建筑屋顶上，为原建筑增添了一丝生机与活力。除了办公室以外，"Clube 39"希望可以打造出公用的可变空间，将餐厅、培训中心、会议厅，博物馆和面向训练场的开放式露台有机连接在一起。该结构由五个运输集装箱组合在参数屋顶下。

根据项目的气候和项目位置，设计师提出了恰当的解决方案。这同时也兼顾了风格简单、抗风能力强、耗能低和生态兼容等要求。"屋顶的参数化结构设计能够阻拦外面 95%的大风，并将剩余 5%的风引入建筑中，为室内提供自

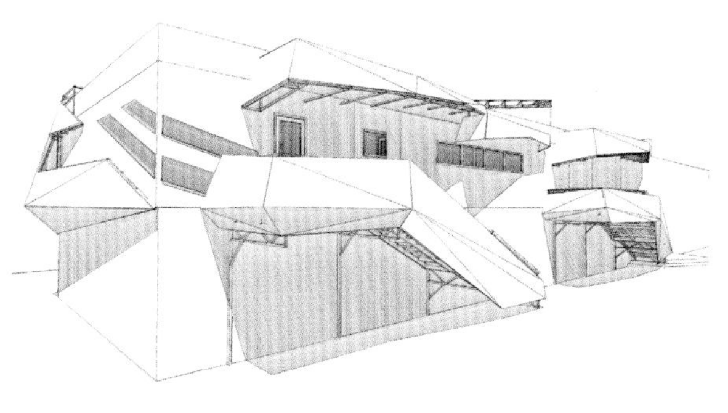
截面轴测图

02

然通风环境。因此室内并不需要安装空调。此外木制参数化结构设计能够生成一个自然的阴影，白天这些阴影停留在建筑物的表面上，以不同的形状装饰着建筑物。”雅罗斯拉夫·加兰特这样评论他的项目。这里的 3D 酒吧带有浓厚的蒙德里安风，全建筑墙上画有不同的图案装饰，办公室铺有鲍豪斯（Bauhaus）风格的面板。醒目的位置和耀眼的色调、独特的风格、舒适友好的气氛，使志同道合的朋友在这里尽享足球给它们带来的无限乐趣。

03

01 / 正面图
02 / 细节
03 / 侧面图
04 / 集装箱概念足球俱乐部外景

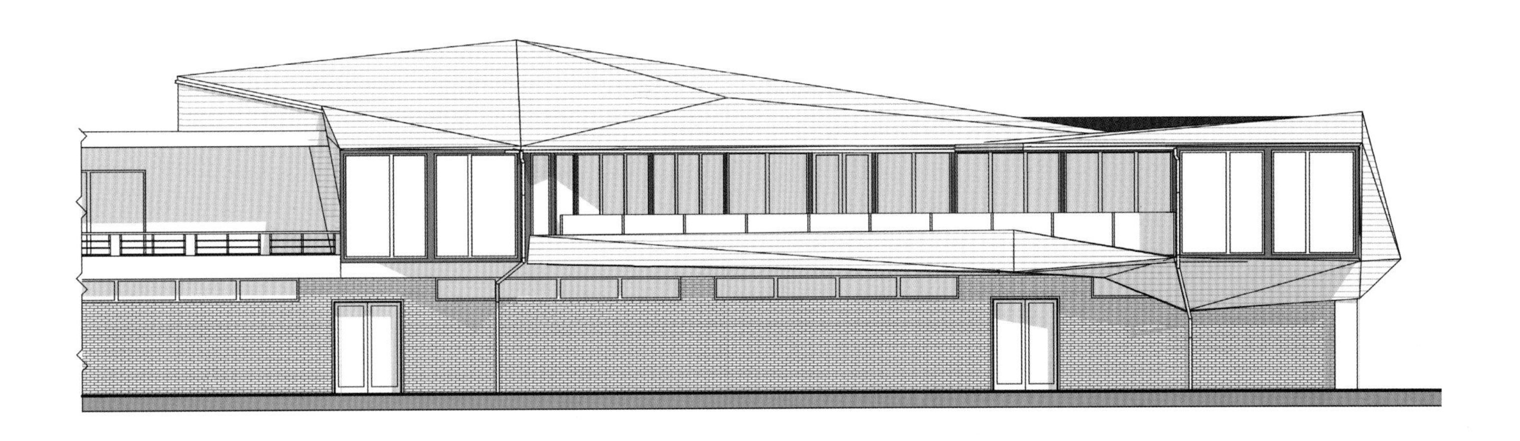

立面图

ESTORIL PRAIA
OFFICIAL STORE
A tua loja oficial!
BOUNCE INC
LAIQ

digital

05

06

05 / 餐厅
06 / 浴室
07 / 会议室
08 / 休息区

大柏树集装箱创客走廊

项目地点 中国，上海 **项目面积** 2700 平方米 **项目时间** 2016 年 **项目设计** 上海科房投资有限公司 **摄影** 王锡勇

01

上海大柏树集装箱创客走廊项目是一个以体验、社交、创意、媒体、公益、创客为目标，将集装箱创客走廊建设成为上海创新、创业、创意承载地和集聚中心。项目所在地位于现今广纪路汶水东路的淞沪铁路江湾站，中国第一条正式投入运营的铁路的一大站点，当年海上物资经由淞沪铁路运往市区，为上海的经济和社会发展做出过重要贡献。经过历时 4 个多月的改建后，修缮一新的旧址变身集装箱创客基地，老站换新颜后颇具时尚之感。

创客走廊共计使用集装箱 12 个，改造火车车厢 2 个。在最初的设计中，桥下的集装箱都是双层堆叠的设计，但由于高架上地铁行驶不可避免的震动，桥下净空需要大于 2 米，所以在最终改造中，桥下集装箱均采用了单体集装箱的设计，以独特的外形改造替换此前的结构设计。转角处建筑（现蜂巢）以改代拆，将原先的混凝土建筑外墙包裹集装箱板材，与整个集装箱创客广场和谐统一，不仅大大减少了改造成本，靓丽多彩的配色也为周边环境增添一抹时尚气息。

设计草稿

01 / 侧面图
02 / 全景图

02

03

04

03-05 / 细节

智慧湾集装箱

项目地点 中国，上海 **项目面积** 5000 平方米 **项目时间** 2016 年 **项目设计** 上海科房投资有限公司、钱生银、刘永、许家林
摄影 王锡勇

01

智慧湾集装箱项目是一个减少破坏原有基地、高效利用城市灰空间以及合理利用废旧海运集装箱的案例。项目基地原是一个纯粹的宝山工业基地，现在已经逐渐被改造成为日益壮大的科创城市的一部分。设计师在原有的停车场上采用首层钢结构架空处理方式，保留了停车场及植被，构建上层集装箱建筑主体。为了满足进驻企业的不同需求，设计师在空间划分和布局上力求灵活多变，使各区域既相对独立又彼此连接，同时增加大面积的户外平台，增强交互性。高架下方的区域属于低利用率的城市消极空间，设计师改变了大众对于高架下方阴暗脏乱环境的单一认知，采用可移动模块化的集装箱为园区增添了一种全新的空间形态，从而挖掘出更多的空间价值。这样的设计既不影响原有功能，又增加了办公空间，提高了土地利用率。这是对消极空间功能性质转变的一种新探索。

该项目的设计理念是为移动而生。24 小时活力区项目就是将临时建筑概念引入到这些闲置的停车场空间和园区中心花园中，以回收的集装箱作为建筑预制构件使其叠至二层或三层，挑战了如今广泛存在的旧物弃置浪费问题和传统建造技术。集装箱单元之间的大跨度灵活空间，主要用于办公。室内还可以设置第二重功能，比如会议室、工作室和展示厅。在集装箱工作空间设计过程中，设计师着重把握了每个角落的功能性设计，安排了每个区域功能的连接互补，同时也全力地配合了人们的工作习惯。工作大厅、休闲区、展示区、健身步道、足球场及其专门的头脑风

02

暴会议室协调有致地组合在一起，提高了员工工作的活跃性，使办公环境不再显得压抑。小小的空间整合了小型会议室、接待厅和顶层的休息处。三面大块玻璃拒绝了私人空间，遵循了开放空间的主旨。此外，大面积落地窗保证了建筑物最深处在白天也能照射到阳光，最大化减少了灯光的使用。集装箱办公室的演变已不受地点的限制，环保和可移动性强是它最大的特色。集装箱外围装有高性能隔热夹芯板，有助于保护建筑免受斯堪的纳维亚恶劣气候的影响。这些夹芯板层直接固定在集装箱框架上，作为窗户、屋顶构件以及地板。水电空调等管道装置全部在外面，易于安装和拆卸。

03

04

集装箱颜色分区成了该集装箱办公区的最大亮点。每个集装箱区均涂上了四种充满活力的颜色，从深绿色到淡黄色。丰富多彩的餐厅与周围灰色的环境形成鲜明的对比。这些颜色的选择参考了集装箱船舶和港口经常看到的颜色，更能激发人们的创新思维。

此外设计师合理利用原有建筑周边的空间，将集装箱作为现有建筑的扩展部分，将二者结合，为主体建筑提供餐饮、休闲、娱乐等商业场所。这些快速搭建的集装箱建筑在节约成本的同时，也减少建筑施工对周边环境的影响。

05

06

07

01/ 侧面图
02/ 全景图
03/ 设计草稿
04/ 细节
05/ 侧面图
06-10/ 细节

11-12/ 内景
13/ 商店

12

流行布里克斯顿集装箱村落

项目地点 英国，伦敦 **项目面积** 2000 平方米 **项目时间** 2015 年 **项目设计** 卡尔·特纳建筑 (Carl Turner Architects)
摄影 吉姆·克罗克 (Tim Crocker)

流行布里克斯顿集装箱村落 (Pop Brixton) 位于伦敦南部，是一个蕴含新文化、企业和社区的“小城市”。波普布里克斯的前身是一片约 2000 平方米的棕色地带。经过改造，这片棕色地带从被遗弃的废地转变成了一个充满活力的小部落，为该地区的经济和娱乐发展提供了重要的背景条件。新工作室、工作坊、共享工作中心、餐厅、咖啡馆、酒吧、活动和展览空间，以及开放的公共空间应有尽有。

设计师注重可持续性、灵活性和效能，采用低成本、低能耗集装箱进行灵活的设计。希望这里一切都能成为可能，成为现实。集装箱是根据租户的要求而定制的，尺寸在 6 米到 12 米不等。每个箱体都是完全独立的，每个房间都有配有电源插座、天花板、照明和双层玻璃窗和高速互联网。

环境美化是该项目的一个重要组成部分。设计师希望可以通过景观美化，达到项目与布里克斯顿站路附近的街道和其他公共空间相连接在一起的目的。美化的成果主要包括建设社区花园。在美化环境的同时，市民还可以通过

01/ 正面图

温室、果园和草坪来学习一些与城市农业和耕作有关的知识。集装箱上方的中央聚乙烯通道温室花园的周围有几张桌椅。用餐者可以在这个小型花园中进食赏景。

流行布里克斯顿现在有超过 50 家独立的商家入驻，工作人员大约 200 人。在夏季，这里平均每周都可以吸引 10000~15000 人次到访。

全景效果图

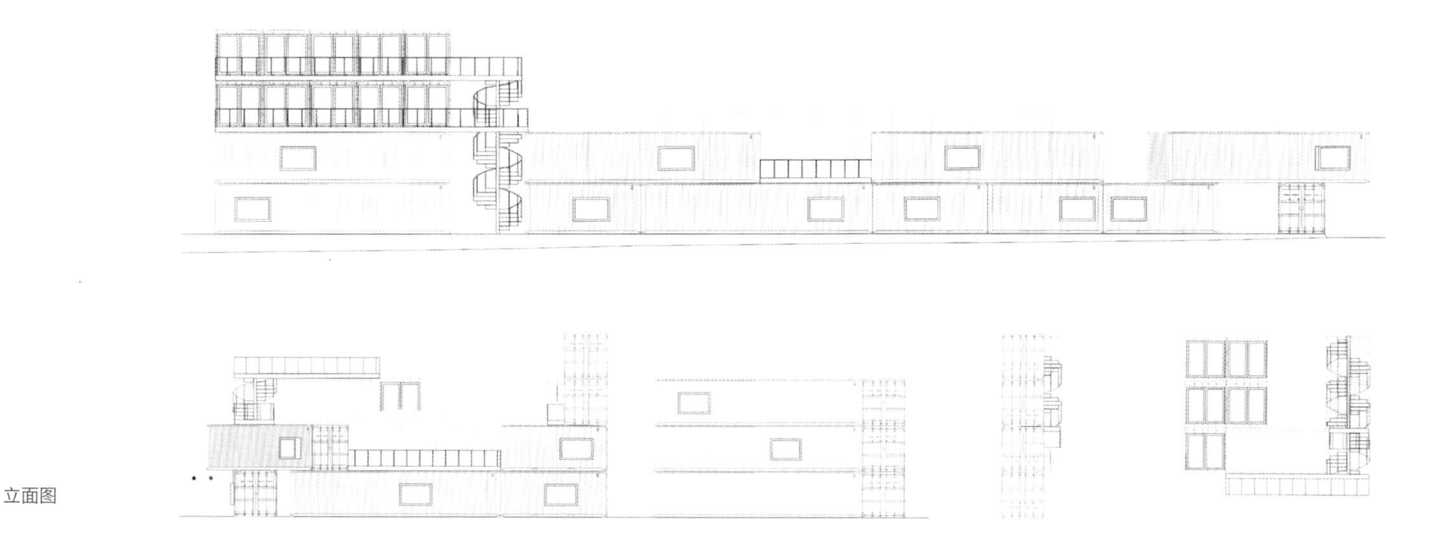
立面图

02

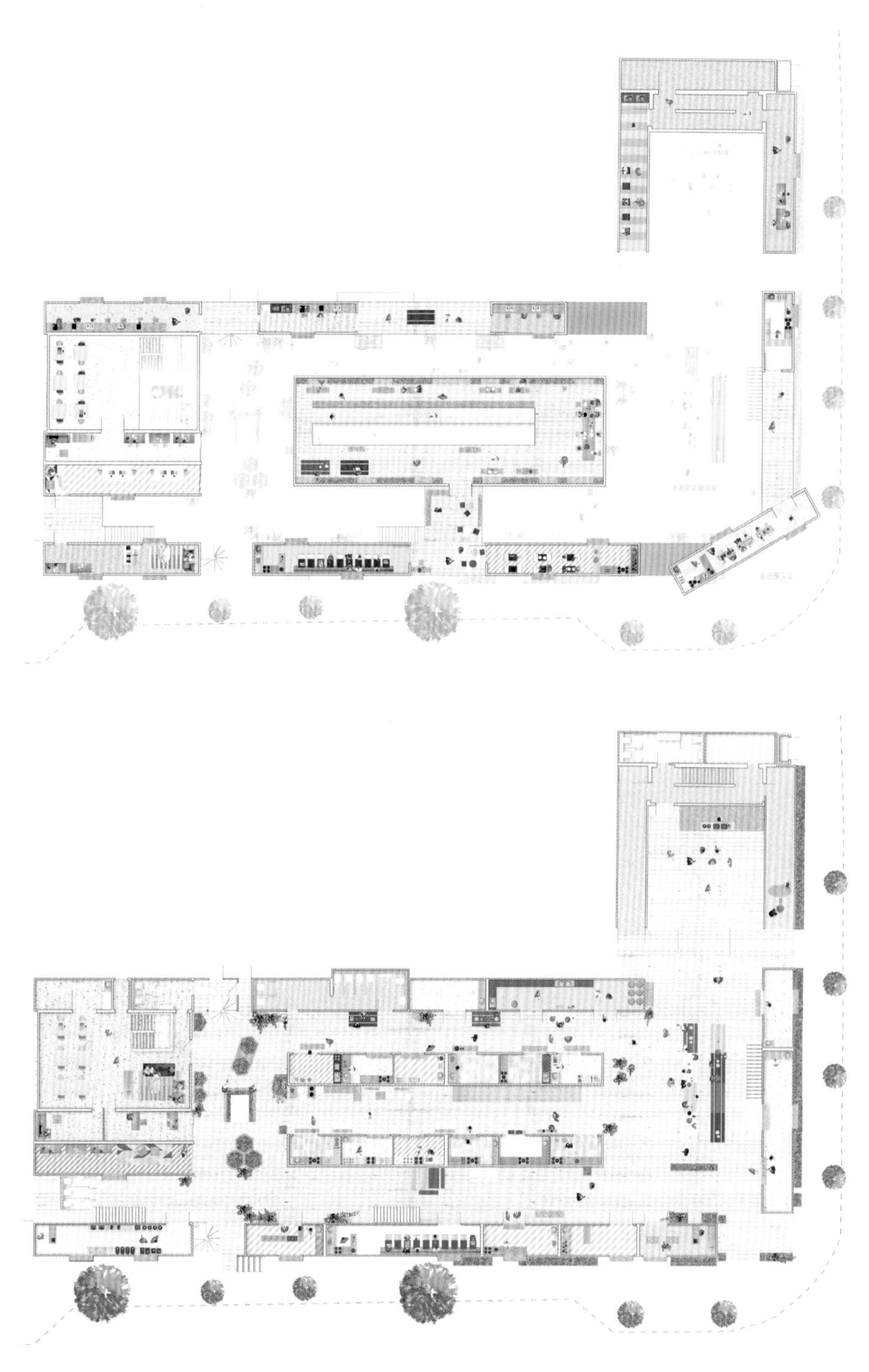

平面图

02 / 楼梯

单元咖啡厅

项目地点 乌克兰，基辅 **项目面积** 275 平方米 **项目时间** 2016 年 **项目设计** TSEH 建筑集团（TSEH Architectural Group）
摄影 米哈伊尔·彻尼（Mihail Cherny）、伊弗根·苏佐洛夫斯基（Evgen Zuzovsky）**客户** 瓦西利·赫梅利尼茨基的基金 - K.Fund

01

这个咖啡厅是为在 IT 学校“单位工厂”就读的学生所开设的。起初，设计团队并没有打造这样一个咖啡厅的想法。但是在 IT 学校工程的建造中，设计师发现这幢建筑楼空间有限，无法容纳大食堂或自助餐厅。基于这个情况，设计团队建议投资方可以另找一处空地单独建造咖啡馆。单元咖啡馆项目中一共采用了 14 个海运集装箱。选择集装箱为基本结构框架的原因很简单。首先，使用集装箱的巨大优势是建设速度快，耗时短。单元咖啡厅项目只需两个半月的时间。其次，使用集装箱搭建的全新标准结构要比使用其他普通材料更加经济。但最重要的是，集装箱的独特风格与魅力同项目的别具匠心、通透明亮、投入专注的特点相呼应。

为了满足客户对环境保护的高度期望与需求，设计师采取了几种措施来尽可能地减少建筑的能源消耗。设计师在设计的过程中保留了集装箱原始的状态、模样和性能，只对建筑外观表面、箱体质量、隔热能力、御寒能力、防水能力和箱体特殊抗腐蚀化合物涂层以及其他涂层进行了加工。未经过多处理的集装箱建筑也具备很好的绝缘性能。

二楼的集装箱箱体表面被粉刷成醒目的鲜绿色。一楼设有厨房、厕所和茶水间；二楼摆放着舒适的沙发、桌椅和植物。咖啡厅总面积为 275 平方米。设计团队充分利用二手货运集装箱，将其打造成为这个宏伟的单元咖啡馆。

设计小组在勾勒出建筑轮廓之后，向客户提出了使用集装箱的设想，获得了客户的青睐。单元咖啡厅无疑是学校的一个亮点，一张闪亮的名片，向来访者展示学校的独特魅力。

01 / 正面图
02 / 入口

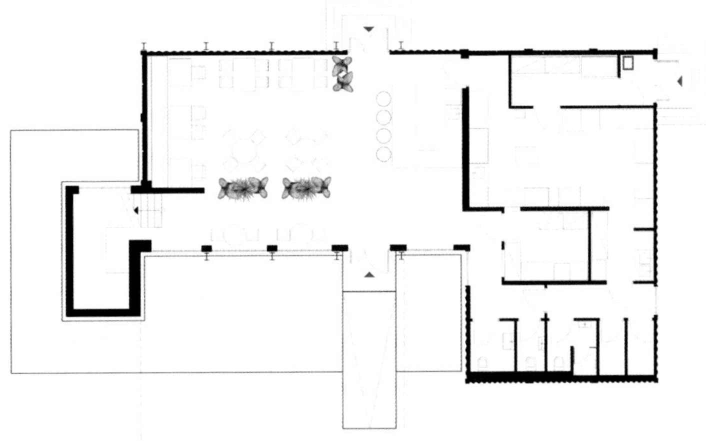

平面图

03-04-05 / 内景

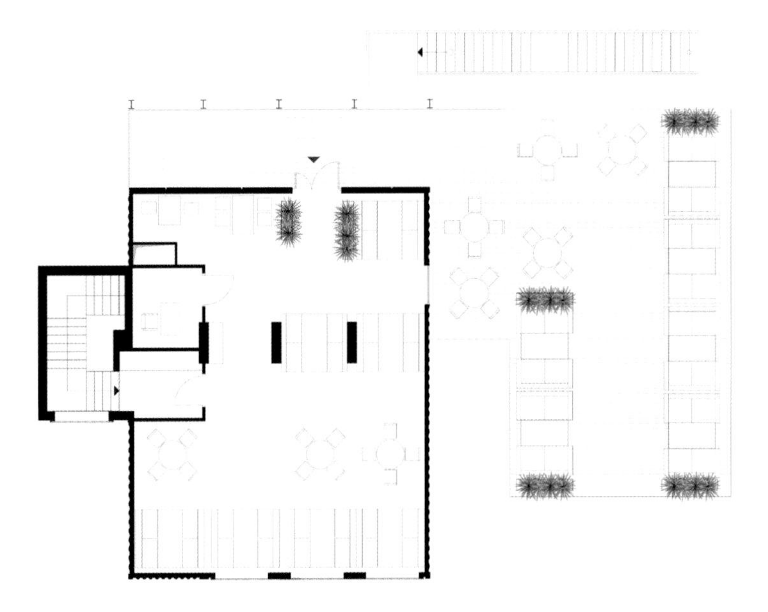

平面图

凯恩酒店

项目地点 丹麦，哥本哈根 **项目面积** 3286 平方米 **项目时间** 2017 年 **项目设计** Arcgency **摄影** 劳斯穆斯·约特顺—海岸工作室 (RasmusHjortshøj - COAST Studio) **客户** 克劳斯·卡特斯堡 (Klaus Kastbjerg)

01

凯恩酒店调动来访者多感官的体验，使游客身临其境。设计师巧妙地将凯恩酒店的内部设计为北欧风纯黑色，以这种颜色和形式，向酒店的前身——位于北港的一座煤炭起重机致敬。从凯恩向外望去，海、天空、港口和哥本哈根的全景尽收眼底。这个私人双人休养所是智慧的凝聚，是创造的体现。

设计体现了丹麦人对于奢华的定位——少即多、简单的东西往往给人们更多的享受。只保留事物应有的最核心的部分，舍去一切繁杂不必要的事物。内部的柔和黑色基调使哥本哈根的美景宛如镶嵌在相框中的油画，畅通无阻，一览无余。除了对煤炭的暗喻之外，黑色在降噪和减少视觉干扰方面也起到了举足轻重的作用，人们也会将更多的注意力放在建筑的内部，置身于空间的内部。与此同时，黑色也会更加凸显光线的变化，美化那令人叹为观止的景色。

在家具、设计和装饰细节中，可看到一些如皮革、木材、石材和钢材贵重材料。这些定制的家具符合酒店的定位和空间布局，更神奇的是，这些家具如床、座椅和橱柜都镶嵌在墙板之中，从而使杂乱的空间隐藏起来。这样客人每次都会在新的发现中获得一些乐趣，这些隐藏的功能设施虽然一打眼看不到，但是它们确实像一座雕像一样，在房间中存在着。这里一切都是由工匠手工制造的，以表达对丹麦精湛工艺的尊敬，增加了其本身的独特性。在凯恩

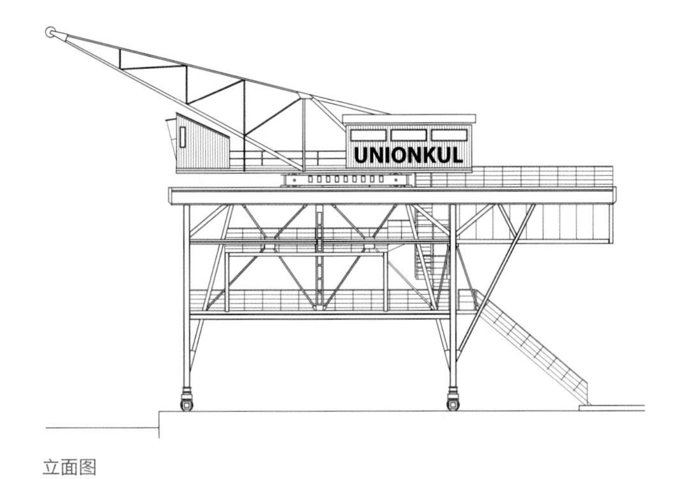

立面图

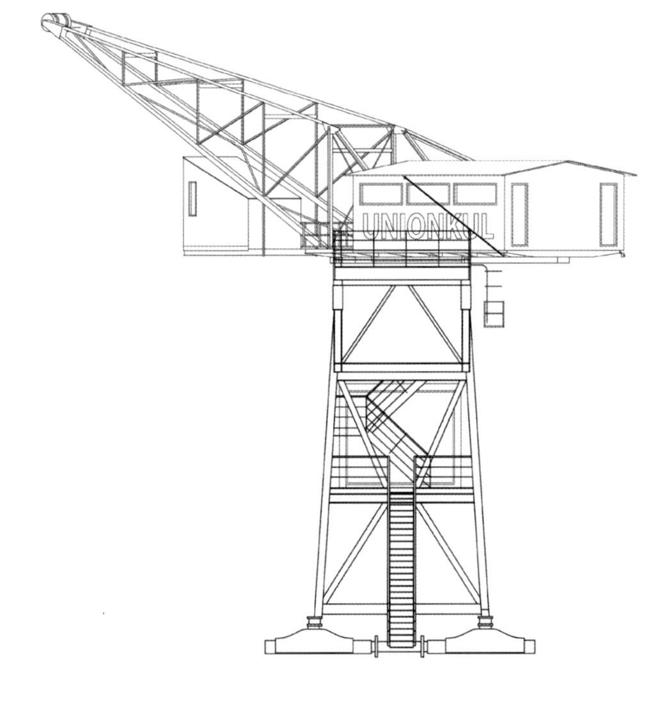

01 / 正面图
02 / 全景图

小屋黑色内部空间的衬托下，下面的 SPA 水疗中心就比较活泼轻盈，从地面到天花板都是采用石材来装饰的。SPA 水疗中心的一面是大玻璃窗，透过窗户，海港与海洋的美景近在咫尺。

凯恩酒店在地理位置上占据绝对的优势。无论租用客房、水疗中心、会议室还是接待区，客人虽然远离了城市的喧嚣，但同时又离城市不远——这里离市区仅几分钟路程。卡斯特堡 (Kastbjerg) 解释说："在丹麦很难找到这样的港口，北港的独特工业外观和氛围，吸引了企业家、工匠等人士的注意。我们保持了粗糙的工业感，并增加了一些意想不到的元素。我们将一个旧机房改造成一个高端的休息室，在这里客人品尝香槟、欣赏壮丽的景色。在现在这个时代下，这绝对是一种奢侈。" 顶层面积 50 平方米，包括卧室、休息室和露台。这里的每个细节都很重要，且都发挥着重要的作用。当和外面广阔的空间对比时，这里的面积确实小得可怜，小得不真实。卡斯特堡希望可以通过这里展示出丹麦设计令人赞叹的一面。

当其他城市正在改造旧地时，往往忽略了其独存的历史魅力。但是凯恩酒店却以一个新的形式来缅怀过去。“你如何向你的孩子们解释原来的那个旧工业港口已经荡然无存了？新的建筑物不像旧建筑那样有他独特的魅力和背后的历史故事。我不但要保留起重机，更希望它能够成为北港的一个地标。我认为，在这一点上，我们已经与 Mads，和他的 Arcgency 团队以及参与本项目的其他员工达成了共识。这是一个美妙的经历。在这两年的时间，与有同样梦想和志向的人合作很高兴。”凯恩酒店，以不同的角度给人以低调的奢侈、原始的精美。窗外光线和外面的水环绕着凯恩酒店是客人远离喧闹世俗、养精蓄锐的专享私人度假酒店。

03

03-04 / 细节
05 / 内景

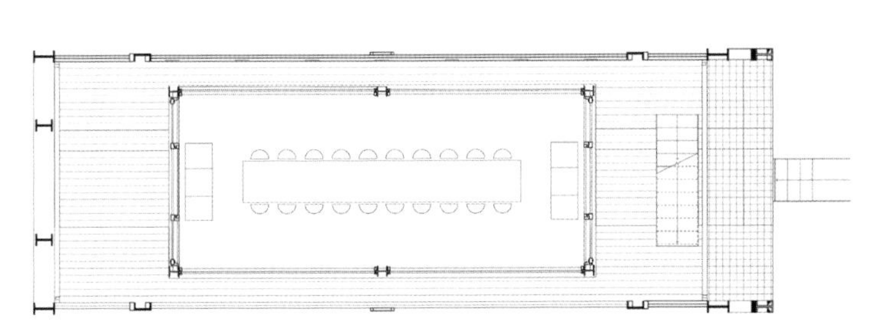

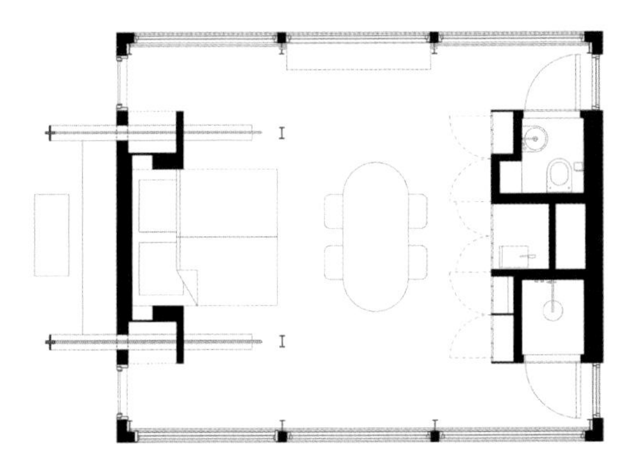

平面图

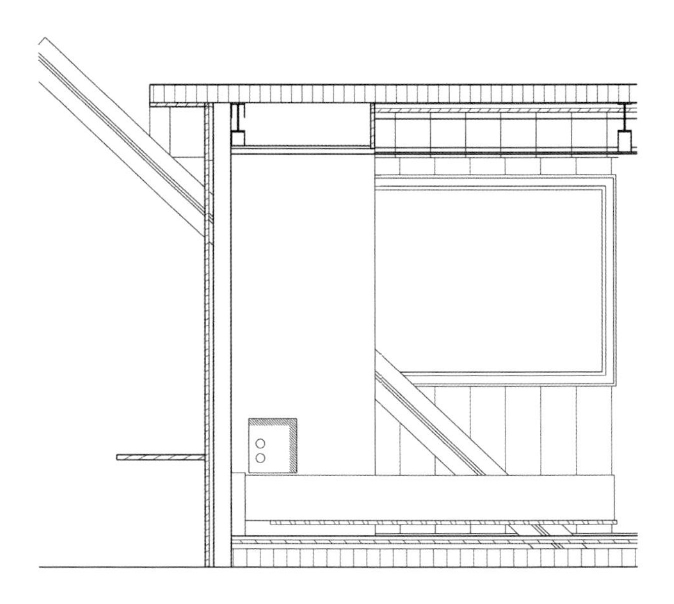

立面图

06 / 内景
07-08 / 浴室

里约无极限耐克店

项目地点 巴西，里约热内卢 **项目面积** 600 平方米 **项目时间** 2016 年 **项目设计** GTM Cenografia **摄影** 艾德阿尔德·比尔曼(Eduardo Biermann)、任纳多·夫拉斯耐里（Renato Frasnelli）**客户** 耐克（运动装和运动装鞋）

01

为 2016 年里约奥运会的竞选活动，耐克公司一手设计了该项目的概念和规定了其创意方向。GTM 发挥自身创新、技术的经验，协助耐克公司执行项目、绘画图纸、生产和最终组装。因此，绘出创意，平面图绘画、进行测试和预装，到最后的施工等一系列环节都是耐克公司和 GTM 一起进行的。

耐克公司最大的要求就是希望客户能够拥有良好的购物和享受服务的体验。另一点，耐克公司希望能设置一个用于吸引客户眼球、发布信息的大型 LED 展板。通过反复尝试和数字体验，使各类别（足球、运动装、篮球等）都能自然地融合在一起。

以二手集装箱为原材料，基于极简主义的理念，项目被划分为两个区域，使顾客可以开启愉快的购物之旅。为了搭建展示区域，同时承受容纳较大的客流量，设计师通过叠放海运集装箱来获得更大的面积和结实的金属结构。双层梯形金属层可以用来进行热处理。侧面的四个支柱都是半透明的聚碳酸酯板，内置 LED 照明，对角线切割处理使白天的自然光线可以得到充分利用。

项目体现了浓厚的工业风和巧妙的技术解决方案：内部空间以白色为主，铺有水泥和木地板两种地板。黑色边框中和了白色基调，使顾客能够更好地集中在所购买的商品上。入口处宛如一个彩色隧道，地板、墙壁的四周上嵌有彩色的灯光，用以展示不同种类的网球鞋：足球鞋和跑步鞋。消费者有机会穿运动员在奥运领奖台上佩戴奖牌时所穿的 NikeLab 巴西队的夹克，并在社交网络上注册，与全世界分享这一刻。

在另一个空间的陈列，大多是内置的 LED 灯光的白色金属结构，以突出显示打折的产品。为了给顾客带来更好的购物体验，这里还设置了一个大型收银柜台和一个 T 恤衫定制区域。

外面同室内一样，一个底部箱体白色的灯光和上面箱体绚丽的灯光在黑暗中格外醒目，可照亮周围的一切，使周围的空气都被渲染上这些颜色。上面箱体有时也可用来播放宣传短片。

为庆祝奥运会召开而搭建的 Nike Unlimited Rio 绝对是这大型广场最亮丽的风景之一。

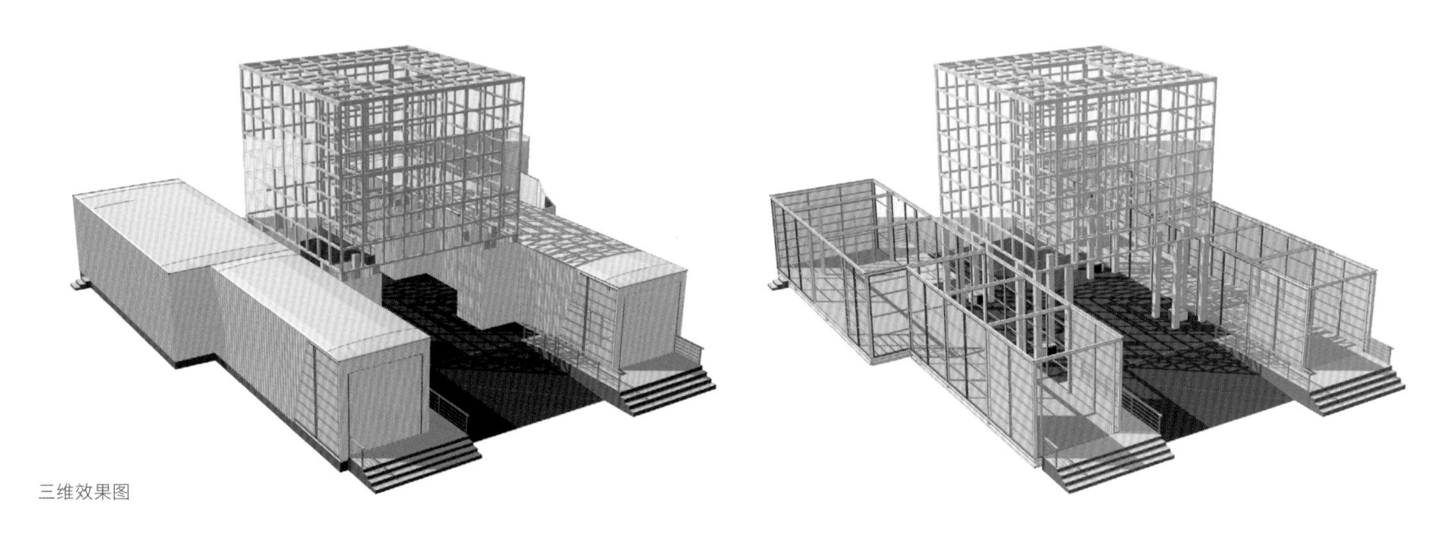

三维效果图

01 / 外景图
02 / 集装箱体验店入口

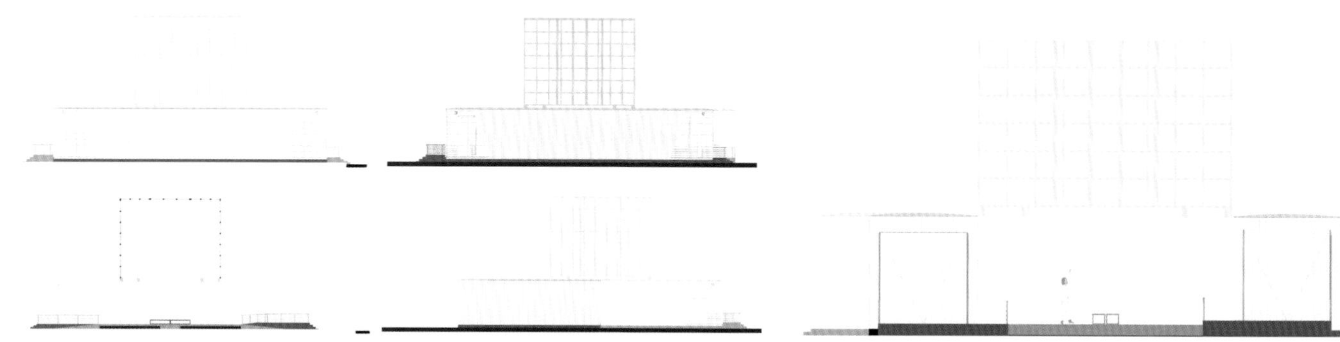

立面图

03 / 集装箱体验店入口
04 / 背面图
05 / RIO 字母与正面图

圣保罗麦克斯小屋

项目地点 巴西，圣保罗 **项目面积** 360 平方米 **项目时间** 2013 年 **项目设计** GTM Cenografia **摄影** GTM Cenografia
客户 MaxCasa

01

2013 年，展品著作人和设计公司 GTM Cenografia 共同为一家名叫 MaxHaus 的巴西公司设计商业展台的项目。MaxHaus 专注于住宅建筑，所有公寓设计都是开放式的。也正因如此，MaxHaus 公司可以按照客户的需求设计他们想要的生活空间。GTM 创意团队秉承这样的理念，追求灵活和快速的设计，大胆求实创新。要综合大胆、快速和灵活这三元素，最好的解决方法就是预粉刷集装箱建筑，配以便捷的水泥板、塑胶地板、木制甲板和地毯等装饰。除了通过重复使用其结构来实现可持续发展理念之外，这个可循环使用、拆卸方便的建筑同时也激发了路人的兴趣和好奇心。

该项目的创意概念与大都市和大城市息息相关。除此之外，为了增强建筑的城市气息，艺术家洛若·威尔兹（Loro Verz）用涂鸦艺术为内部和外部设计做出了突出的贡献。洛若在接受关于 GTM 的视频采访时称，MaxHaus 给了创作和绘画的自由，一切按照他的喜好和想法进行设计，这一定程度上也显示了 MaxHaus 经营理念上的灵活性。GTM 拥有自己的展示店，以其前瞻性的思维和创新施工专业技能而闻名。由于集装箱为主体的模块化结构、现成便捷的材料，加上 GTM 的专业知识，施工现场十分干净，没有过多的浪费。这也是本项目所需考虑的重要因素之一。

展台由三层组成：一楼包括两个阳台、迎宾区、一个放映室、客户服务区、媒体室、厨房和洗手间。二楼设有会议室、房地产经理室和休息室。最后，三楼还有一个仓库和另外一个房间。楼内交通方面采用的是楼梯，三楼则有连接建筑两端的小天桥，来访的客人可以站在天桥上纵观楼内部所发生的一切。

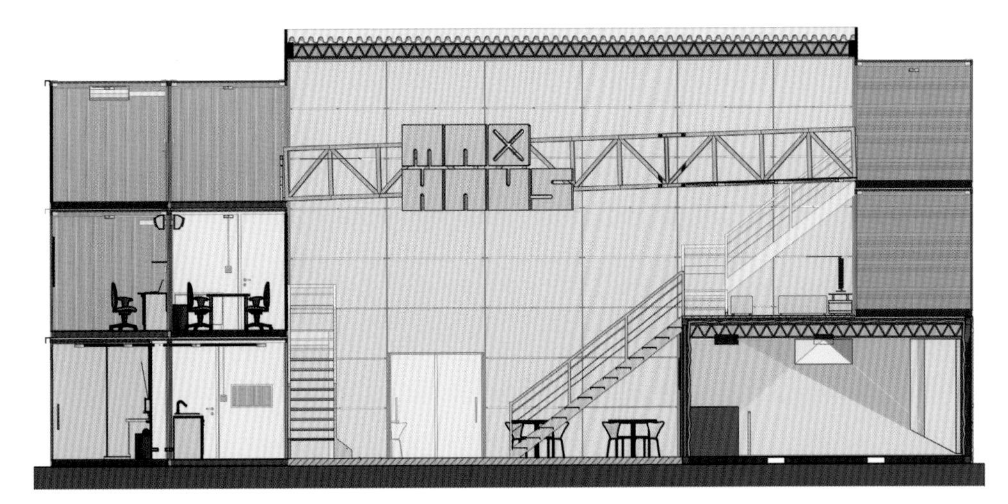

纵剖面图

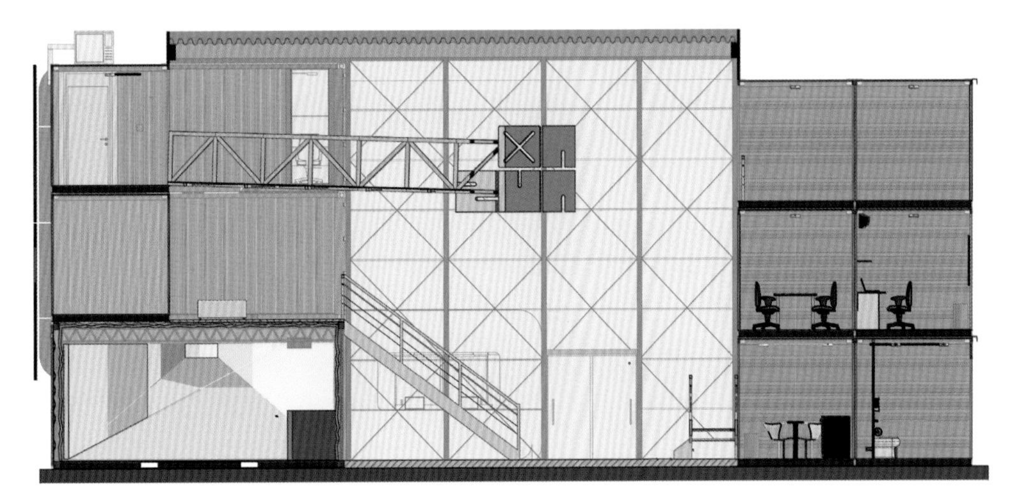

横剖面图

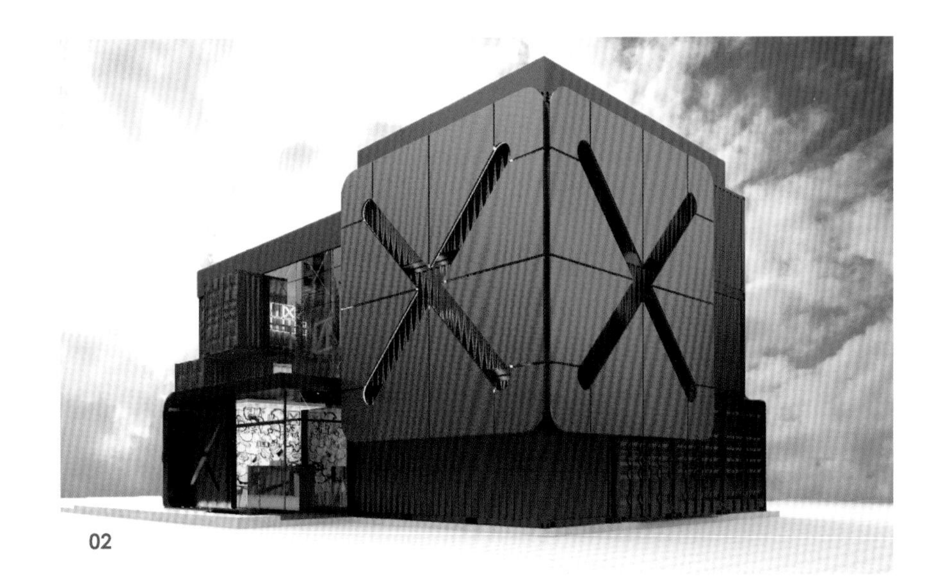

02

01 / 正面图
02 / 三维效果图

03

04

05

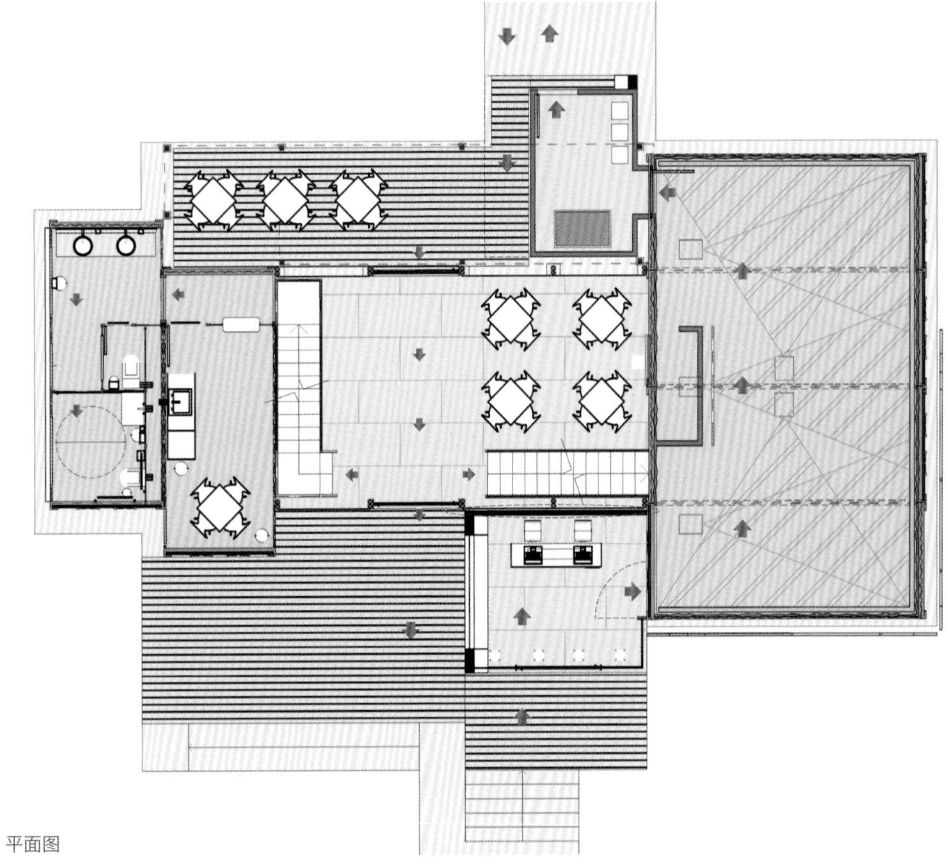
平面图

03 / 带有涂鸦的中庭
04 / 天桥
05 / 内廊

东恒宾馆

项目地点 日本，大阪 **项目面积** 70 平方米 **项目时间** 2017 年 **项目设计** 田中麦（Mugi Tanaka）、IDMobile Co., LTD
摄影 杉野圭（Kei Sugino）**客户** 刘玲（Ryu Arin）

该酒店位于市中心。市中心本有许多散工居住区域。如今，许多这样的住所大多已被改造成外国游客的使用设施。不过这其中，一小部分是在法律许可的情况下进行运作的。在这样的背景下，客户希望有一个可持续的合法住所，又因该地区地震频发，客户希望此项目也可以有良好的防震系统和措施。虽然周边的环境不那么干净，但是这里仍有昭和时代那种浓厚的怀旧气息。在现在这个高度现代化的日本，想要找到有这样氛围的地方确实很难。浓厚的历史气息和色彩也是此区域的一大亮点。考虑到周边环境的背景，设计师使最后选取了设计新颖、成本低、抗震能力强的集装箱。

集装箱的外表面和公共区域的喷漆仍然保留了集装箱的基本特征，这无疑增添了酒店的独特魅力。这个两层建筑由 12 个 6 米的集装箱单元组成。靠近马路一侧有 8 个集装箱，背面共有 4 个集装箱。前后两组集装箱之间的空间是公共区域。这个公共空间就像是外部空间的延伸，建筑也因此给人一种非常明朗开放的感觉。值得一提的是，一楼公共区域的西侧是一个双高层结构的开放空间，作为客人的共享生活空间使用。与胡同相比，集装箱单元内的客房和办公室隐私度更高，所以整个建筑物在空间上能与其他建筑形成鲜明对比。酒店两种类型的房间：一种是由两个集装箱组成的家庭套房，另一种是由一个集装箱组成的单人套房，有的单人房是单人床，而有的则是双人床。该酒店共有七间客房。

01 / 南侧视角夜景

客户最初希望设计团队设计出更多的居住空间，但是由于预算的限制并没有实现。因此，团队这次只设计并建造了住宿经营部分。不过，设计师表示当客户今后经营盈利时，且在经济条件允许的情况下，可以扩建一个楼层来扩大建筑物房屋的面积。当然，基础、柱子和房梁等各个结构部分都是与现有的结构和样式保持一致进行设计的。在建造组装的同时，客户也亲进行自室内装修。大多数日本人的设计，如公共区域“日式庭院”“花园石”等，都是由主人自己创造和安装的。这样的手工操作在集装建筑之中也是可行的。客户将附近的区域也购买了下来，将来用以扩建酒店。设计师相信，照目前的情况来看，这个集装箱酒店将来一定会有发展。这个建筑未完待续，只是这个未来宏伟计划的第一步。

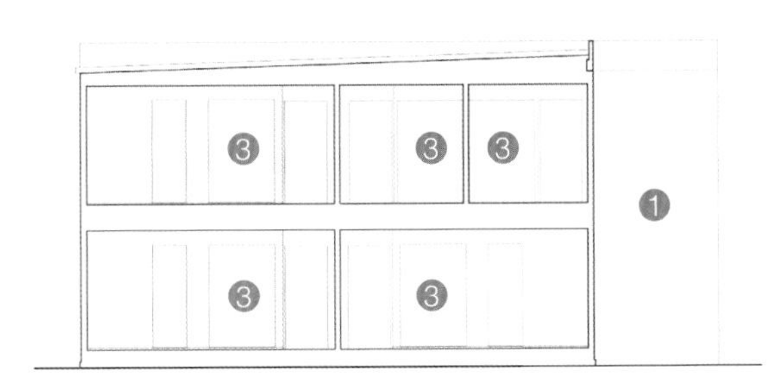

东西方向立面图

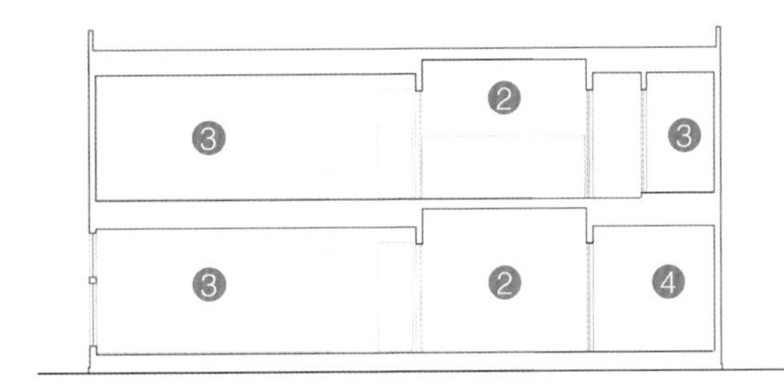

南北方向立面图

1 入口
2 公共区域
3 接待室
4 办公室

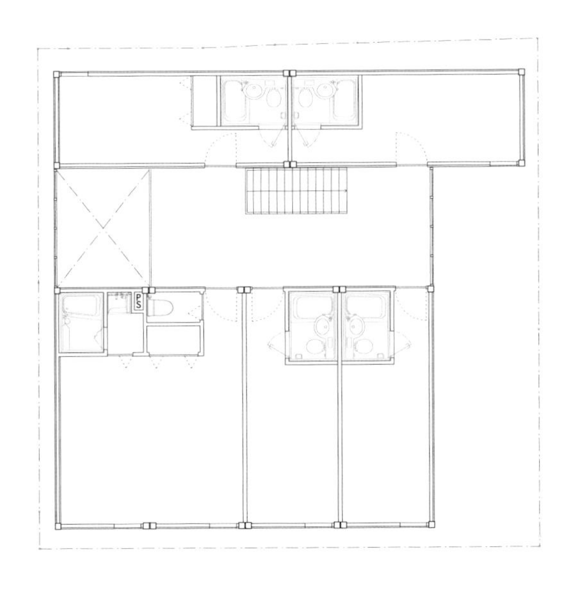

一楼平面图

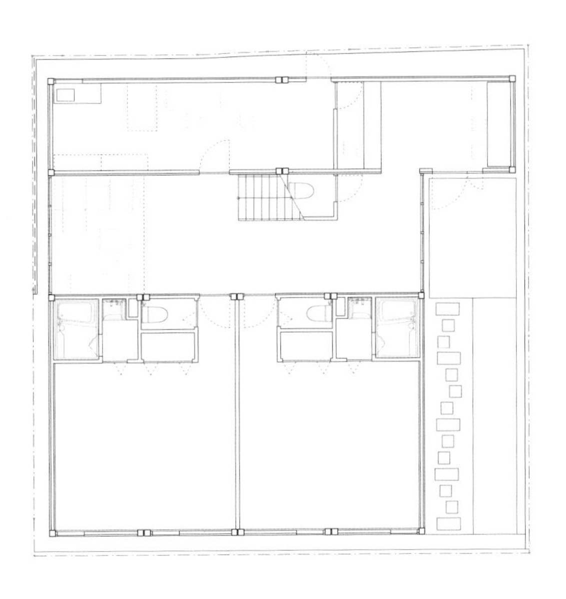

二楼平面图

1 入口
2 公共区域
3 接待室
4 办公室
5 正门

02 / 公共区域内景
03 / 一楼公共区域
04 / 二楼公共区域
05 / 接待室内景

03

04

05

博奈尔马路市场

项目地点 西班牙，瓦伦西亚 **项目设计** 美素拉（Mesura）**摄影** 萨尔拉·洛佩慈（Salva López）**客户** 乌尼拜尔（Unibail）

博奈尔马路市场是位于瓦伦西亚的临时市场。在预算非常紧张的情况下，这个市场的位置最后选定在一个大商场的室外停车场之中。入驻的商家需要为客人提供进餐的区域，但由于那里没有有遮挡的停车场空间来与周围环境隔离，所以不适合进餐，故设计师的想法是通过集装箱来打造一个封闭的绿洲美食空间。平台、树木和帆布的阴影空间打造出地中海的氛围。独特的照明设计和当地艺术家绘画的插图为这个项目打造出生动的形象。

在瓦伦西亚郊外，每天有数千人次光顾的大型购物中心的旁边，由西班牙建筑师 MESURA 设计的博内奈马路市场特别符合街头食品和用餐的概念。这个临时空间是通过隔栏隔开部分停车场，并通过二手集装箱围出的一个空间。这个空间也因此与附近的购物商场隔开，形成了一个安静的空间。周围的栅栏是用回收二手金属托盘制成的。

01 / 外景图
02 / 俯视图

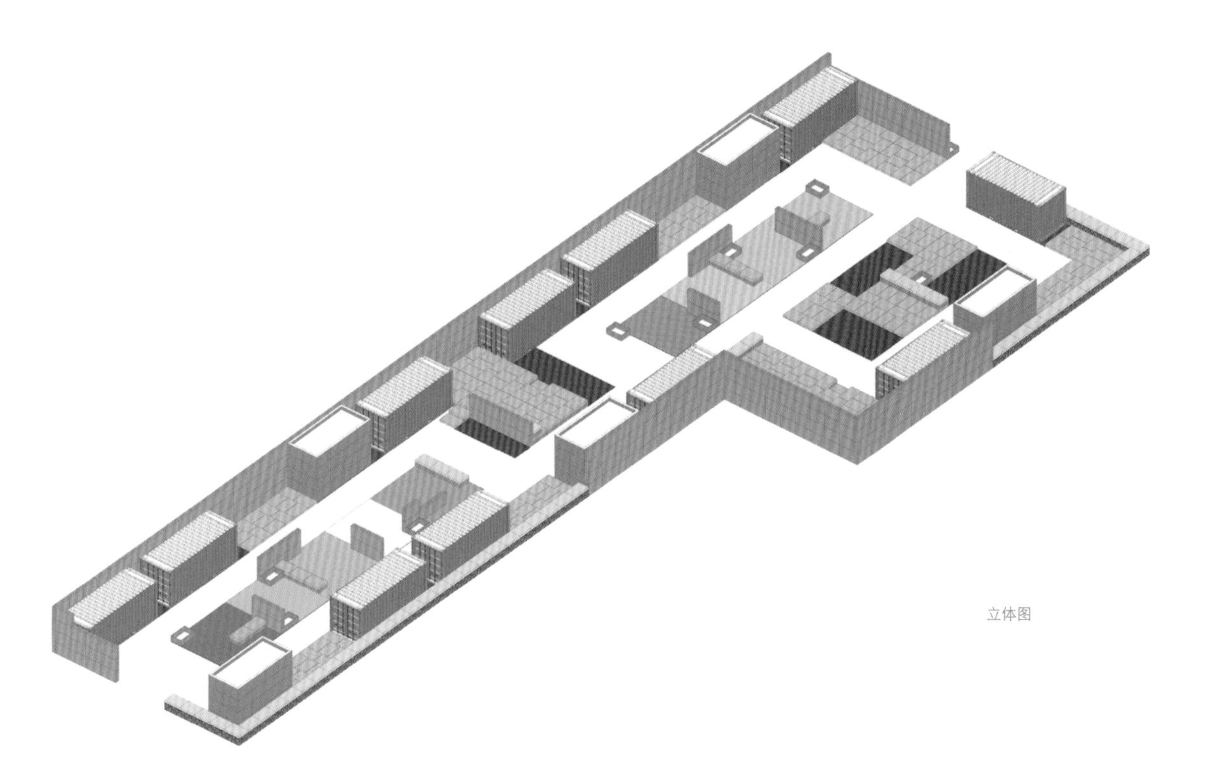

立体图

02

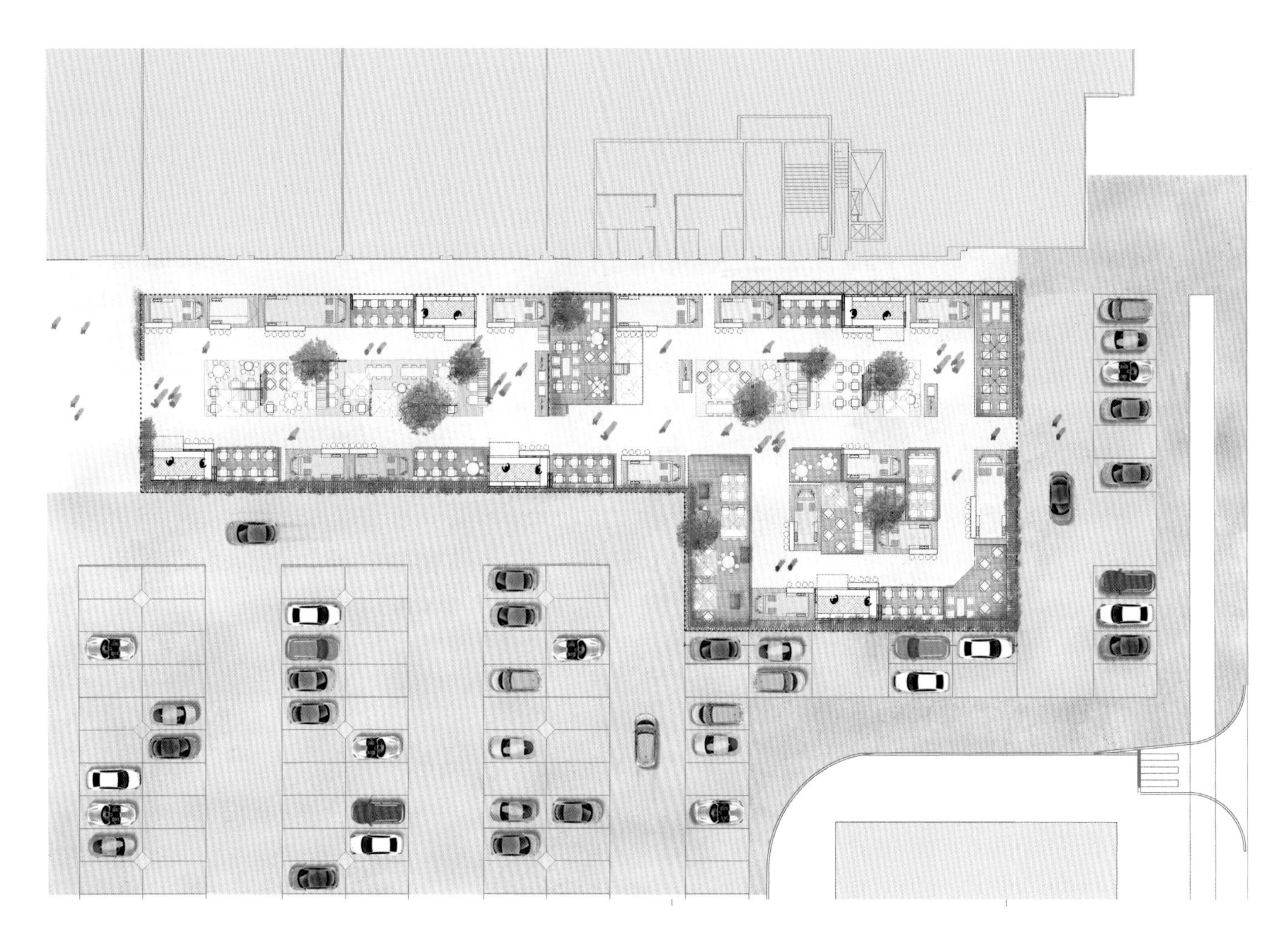

平面图

03 / 正面图
04-05 / 细节

03

04

05

正大缤纷城集装箱住宅设计

项目地点 中国，上海 **项目面积** 72 平方米 **项目时间** 2017 年 **项目设计** 上海华都建筑规划设计有限公司、张海翱 **摄影** 苏圣亮

01

正大缤纷城集装箱住宅设计是一个对原有集装箱住宅进行改造的项目。项目客户是一位留学归国的 3D 首饰打印创业者。在初期经营资金压力下，他决定租用结构坚固、空间灵活的集装箱作为自己的办公和居住场所。集装箱结构坚固、空间灵活，符合创业者的创新特征，但又面临集装箱昏暗不保温、漏风又不隔音等现实问题。居住半年之后，这位创业者邀请设计团队对集装箱进行整体改造。新集装箱住宅采用 “以时间换空间” 的设计策略，利用集装箱易于变形的特点，对 4 个原始集装箱进行重新组织，使其在不同时间、相同空间，演化出不同的功能。设计团队创新的将居住与办公融为一体，营造 “家庭 × 办公 × 派对” 三位一体的生活方式，符合创业者的需求。

在家庭模式中，建筑的主要功能对应家居使用，配有挑高的客厅空间、翻折床面形成卧室空间、完善且实用的厨房与餐厅以及供儿童玩耍的榻榻米空间。在办公模式中，建筑空间的所有功能被重新设定。自由移动的隔墙可以分割出会客空间和办公空间。将外墙体块拉出，可使原 2 米长的小桌子变为 20 米长的超长桌子，使餐厅变身成为工作室。隐藏桌板可以在有顾客访问的时候拉出接待顾客。榻榻米中心的木板向上升起，可激发团队进行头脑风暴。向外翻起的墙体形成了室外的一个会客厅空间。

在周末与朋友的派对中，通过打开拉出隐藏集装箱箱体，可以邀请好友举办烧烤派对。客厅中隐藏的翻折床可为前来参加派对的亲朋好友提供床铺。翻折墙面、翻折楼板和可推拉空间是该项目的三个空间可变点。

01 / 正面图
02 / 细节

场地原有多个乔木，通过合理控制建筑与场地的关系，基于建筑与自然相生的理念，设计师尽可能地保留原场地的树木，并使用芦苇装饰建筑周围的连廊。同时，设计师在建筑的后院设计了冥想空间。这是一个简单的三角斜切结构筑物，结合镜面钢板与灰色钢板，将天空和树叶从 6 米高的空中引入其中，使体验者可以站在其中思考和冥想。

设计公司认为，目前的集装箱改造只是冰山一角。面对大都市的生活压力和年轻一代生活理念的巨大冲突，独一无二的设计与预制的工业技术可以为中国居住问题的窘境提供新的解决方案。他们希望未来能够通过模块化的搭建预测，用搭积木的方式造房子。

03

04

03 / 细节
04 / 侧面图
05 / 细节

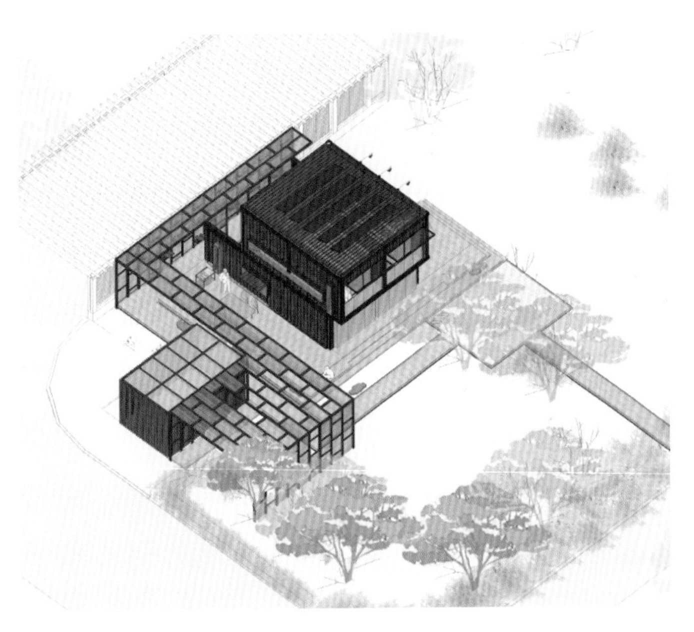
轴测图

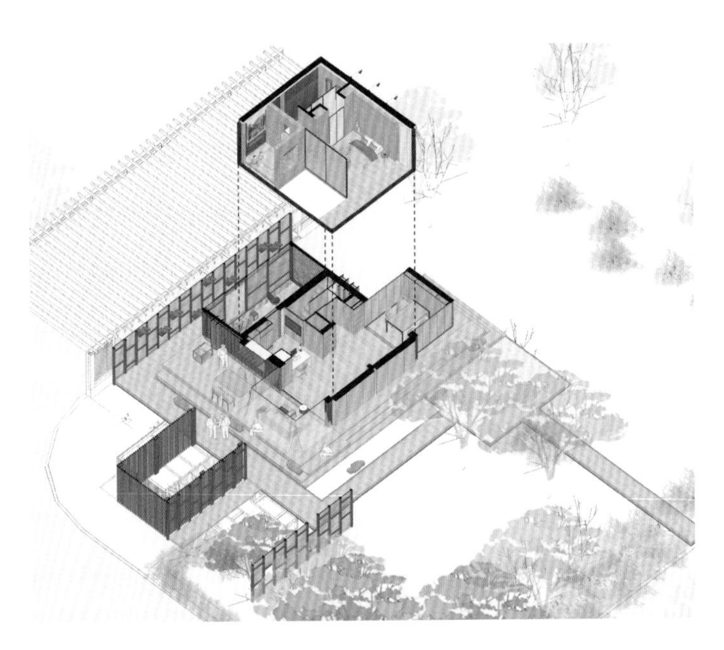
剖面图

06 / 折叠板
07-08 / 内景

平面图

平面图

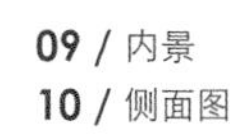
09 / 内景
10 / 侧面图

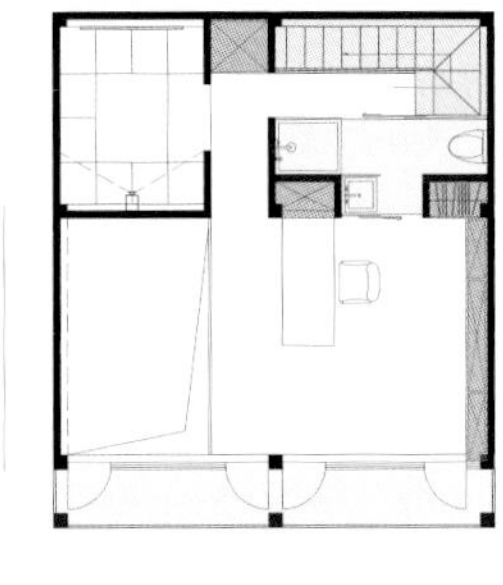

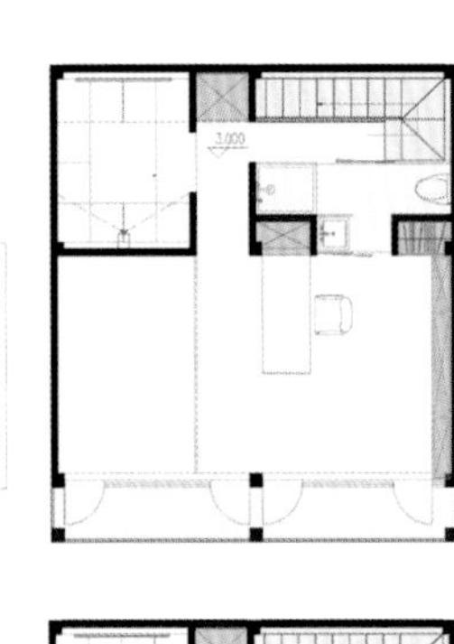
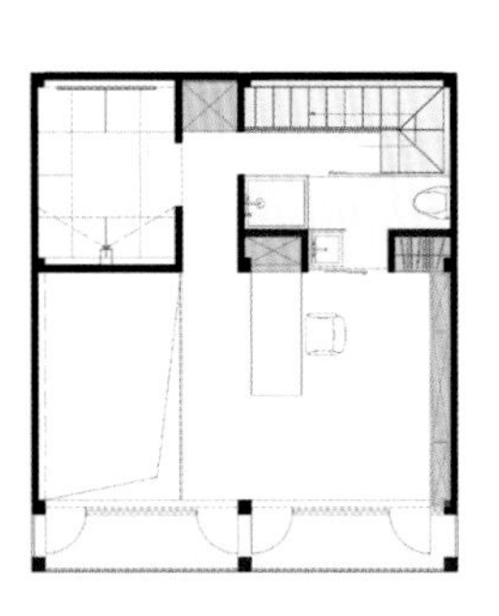
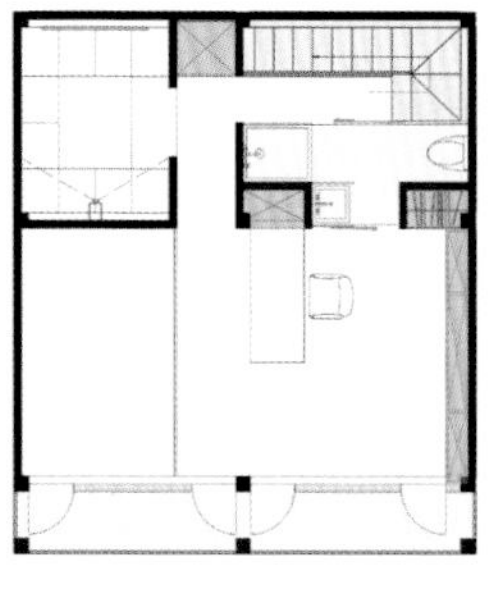

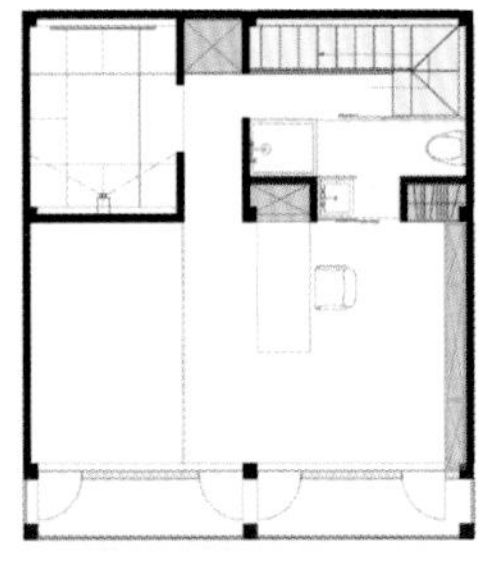

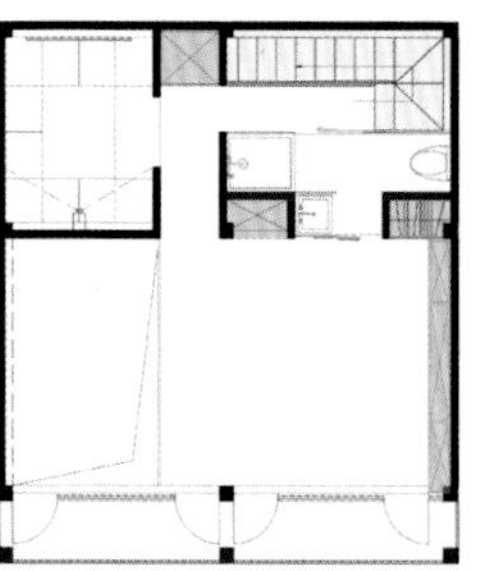

平面图

插件塔

项目地点 中国，深圳 **项目面积** 100 平方米 **项目时间** 2016 年 **项目设计** 何哲、沈海恩、臧峰、张明慧、林铭凯、宋瑞铭、催刚健、张朕
摄影 众建筑、吴船

01

万科发起了一年一度的实验建筑展，每年主题不同，众建筑受邀参加并在万科总部完成了“插件塔”，旨在探索“未来居住”的可能性。插件塔有效解决了在土地非私有化的国家建设私有房屋的问题。在中国因为不确定土地的可使用时长，只有少数人才敢冒险建设私有房屋。插件塔可移动和可再建的特性避免了因产权变故导致的建房投资损失。

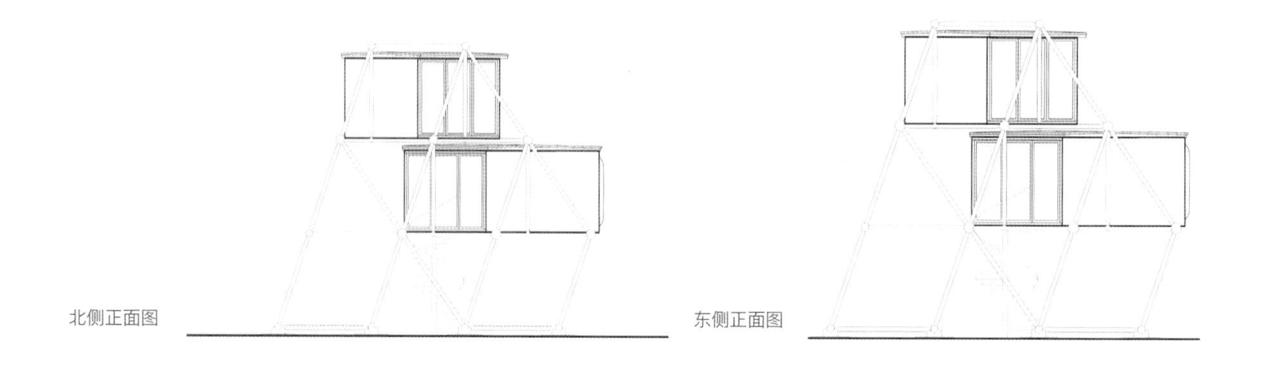
北侧正面图

东侧正面图

01-02 / 外景
03-04 / 细节

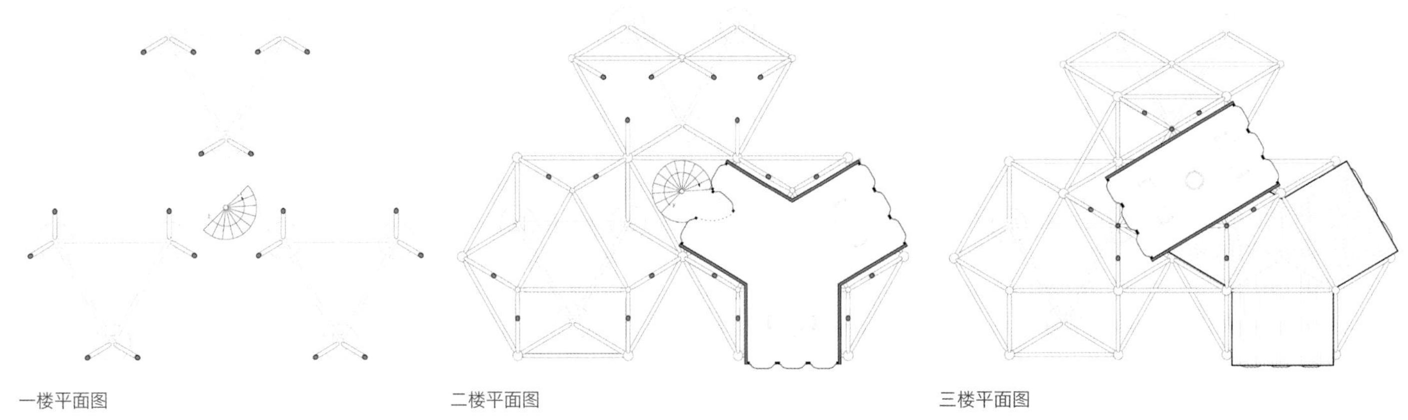

一楼平面图 二楼平面图 三楼平面图

该项目可以被界定为临时建筑，无须结实的地基、严格的规划审批，相比传统的永久建筑更容易建造。当项目需要发生迁移时，也可轻松打包、搬运和重建。

插件塔受到“新陈代谢主义”的启发，是个可无限扩展的多层预制房屋系统，由空间结构和插入的房屋单元组成，房屋单元可依据使用需求更换位置或增加和减少。空间结构由统一的组件和相同的节点构成，有无数种组装的可能性。房屋单元采用了众建筑研发的插件板系统。插件板是集保温、设备、内外饰面及门窗于一体的预制模块板搭建系统，板材之间用锁勾连接。非专业人士使用工具即可完成施工搭建。不同于集装箱等其他预制房屋系统，插件板系统的安装调整无须大型设备，完成形式也不局限于盒子，有多种变化形态。插件塔是一个生长的系统，符合可持续发展的终极目标。

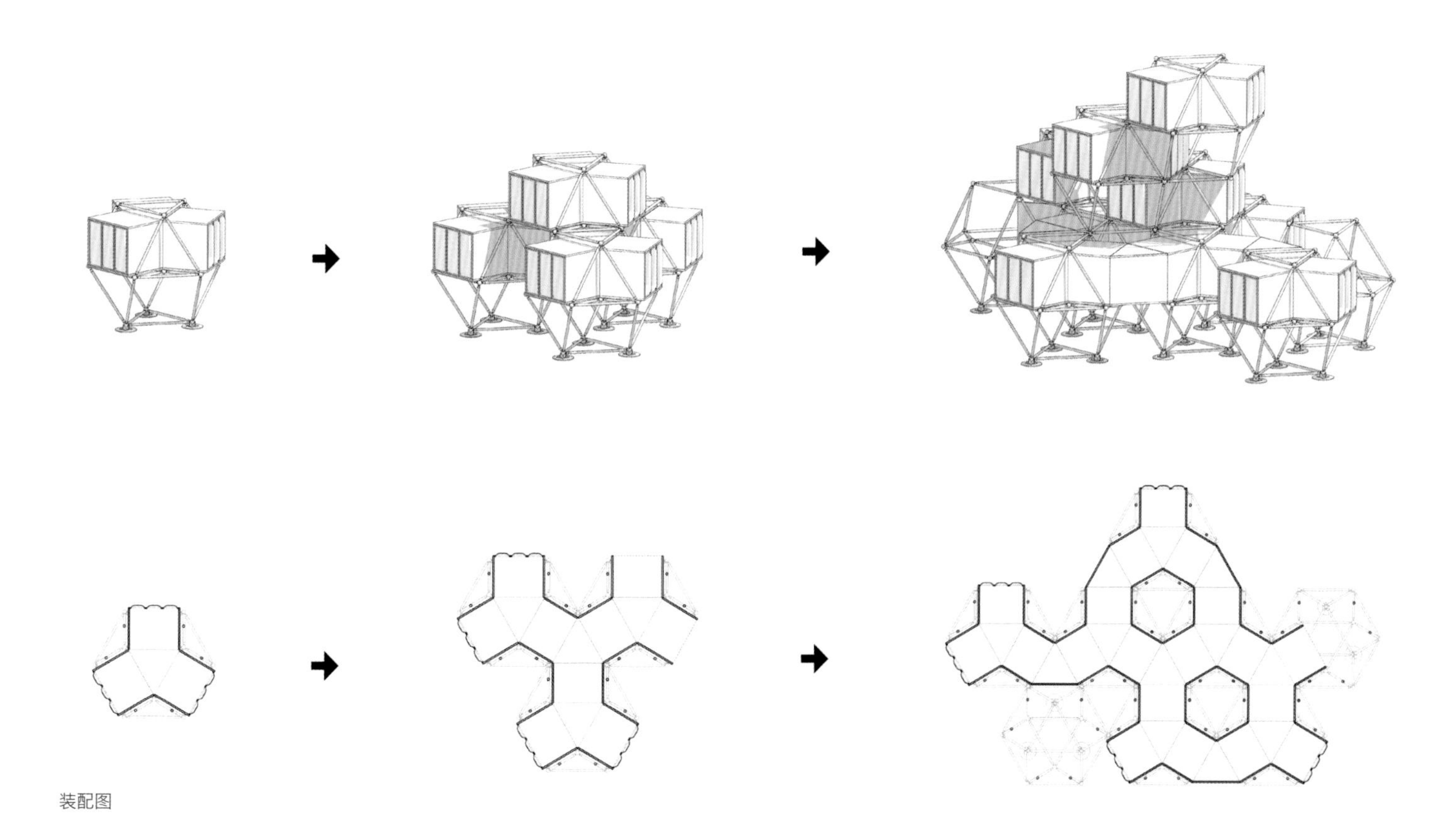

装配图

05 / 内景
06 / 插件塔假想示意图

集装箱临时住宅

项目地点 智利，诺加莱斯 **项目面积** 350 平方米 **项目时间** 2015 年 **项目设计** 飞利浦·艾伦费德 (Felipe Ehrenfeld L)、伊尼尔乔· 欧法立 (Ignacio Orfali H)、伊尼尔乔·普里爱德 (Ignacio Prieto I) **摄影** 飞利浦·艾伦费德

01

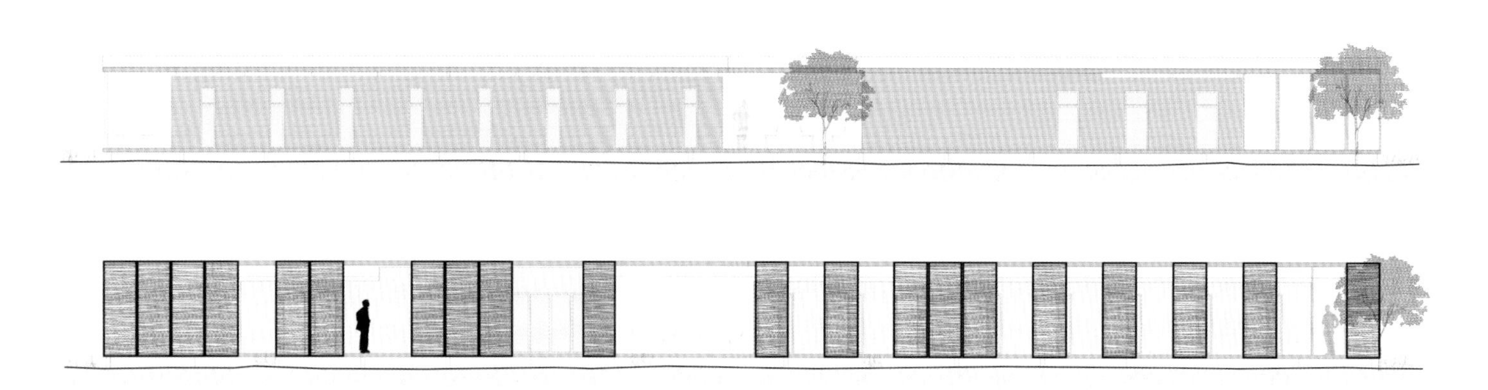

剖面图

该项目于智利诺加莱斯。诺加莱斯位于智利中部，属于地中海气候，9 月至次年 4 月的旱季时间较长。因此，诺加莱斯的农业活动占主导地位，而且农业是景观的一部分。

农业公司希望设计公司能为 32 名临时工人，在他们工期 6 个月的时间内设计出一所临时住宅供他们居住。客户希望能够在他们现有的 10 个 6 米海运集装箱的基础上进行房屋设计，并在住宅中设置厨房、餐厅、浴室、卧室、起居区和服务区等区域。住宅简单、经济即可，最重要的是保证 32 名员工能在同一座屋檐下和平共处。项目的地点靠近农业活动的地方。这就意味着白天的时候，这个建筑将完全暴露于太阳之下。当地的气候条件是项目开发时要考虑到的必要条件之一。这里白天的温度常常达到 35° C。所以，务农者最关心的就是，季末工作时间结束时，新住宅是否能够为他们提供一个阴凉舒适的家可供他们休息。

01 / 正面图
02-03 / 细节

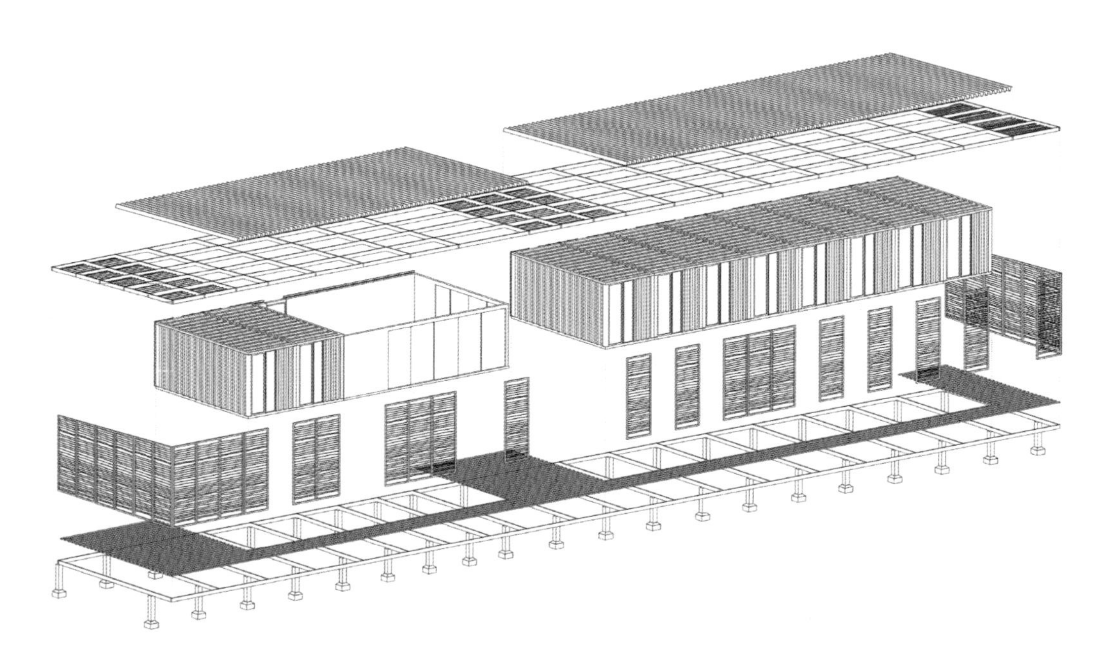

解析图

虽然项目预算有限，但是以每平方米约450美元的预算足以建造出一所完整的临时住宅，使住宅室内有怡人的湿度、热度和舒适度，住宅外部与周围景观完美地融合在一起。

综合考虑客户要求以及地域的特点，设计师采取可持续建筑策略，将10个集装箱拼接起来，从而最大化增加项目面积并减少外墙的产生。住宅底端设有一层木质基地，与住宅主体距离约5厘米，这一巧妙的设计为集装箱散热提供了可能性。建筑正面朝南；建筑北面外立面的小孔设置不但可以降低过度的阳光辐射对室内舒适度的影响，而且也利于交叉通风。

设计师在屋顶的设计上采取了类似的策略。因为住宅屋顶大且屋檐向大地投影面积大，所以在距离集装箱50厘米处设置了通风盖以实现遮光和散热的功能。与普通的庭院不同，建筑的外侧安有智利竹条装饰。阳光透过竹条向室内投射细微的光线，为室内活动、会议增添了一丝乐趣。建筑的中心是密集空间，是由海运集装箱改造的浴室和卧室，被公共区域（会议庭院、服务区和流通区）包围在内。

03 / 侧面图
04 / 内景

05

06

05 / 侧面图
06 / 细节
07 / 正面图

卡苏洛集装箱酒店

项目地点 巴西，贝洛奥里藏特 **项目面积** 28 平方米 **项目时间** 2015 年 **项目设计** 本纳尔多·欧塔·阿基耶托（Bernardo Horta Arquiteto）、梅伊斯·阿基耶杜拉（MEIUS Arquitetura）、阿尔罗利多·阿基耶杜拉（Aerolito Arquitetura）
摄影 约马尔·布拉干萨（Jomar Bragança）

01 / 外观

卡苏洛集装箱酒店是一个不断变化的空间，充分展示了当今住宅的灵活性和多变性。虽然酒店内部的家具是固定的，但是它仍然可以向旅客呈现出不同的“面孔”。客户想要的是一个便于互动、充满生气、居住适宜的空间，使这里不但可以简约得一目了然，还要注重有细节可以引起客人的兴趣。通过简单的布局，建立了不同用途的新系统。

该建筑的屋顶是交错的镂空木板。这种木板常用于大量物料搬运且比普通木材更加经济。木板可以根据需要进行组装和拆卸，也可以在更新替换之后重复使用。之所以选择这种外板涂层是因为其低成本和安装的便利性。卷边板是由黏合薄片木材制成的。由于较快的生长速度和繁殖速度，黏合薄片木材这种材料极适合在森林管理中使用。墙上使用的聚酯绒线是由回收的原料制成的，是隔热隔声、绿色环保、可 100%回收利用的绝缘材料。这种绒线稳定且可持续，回收再利用聚酯瓶进行生产，生产过程中没有任何树脂、水或碳添加。本着天然环保、营造绿色园林氛围的理念，设计师将本地植被元素融入设计之中。这些原生植被不但适合当地的气候，还可以抵御虫害的袭击，并有利于动物多样性的发展。

当代住宅的功能不仅仅在于为人们提供生活居住之地，更在于提供工作、娱乐等其他功能。这就需要当代住宅增强其适应能力。目前，灵活橱柜在当代住宅中被广泛应用，可以适应用户多面性的需要。下文所提到的所有灵活设计

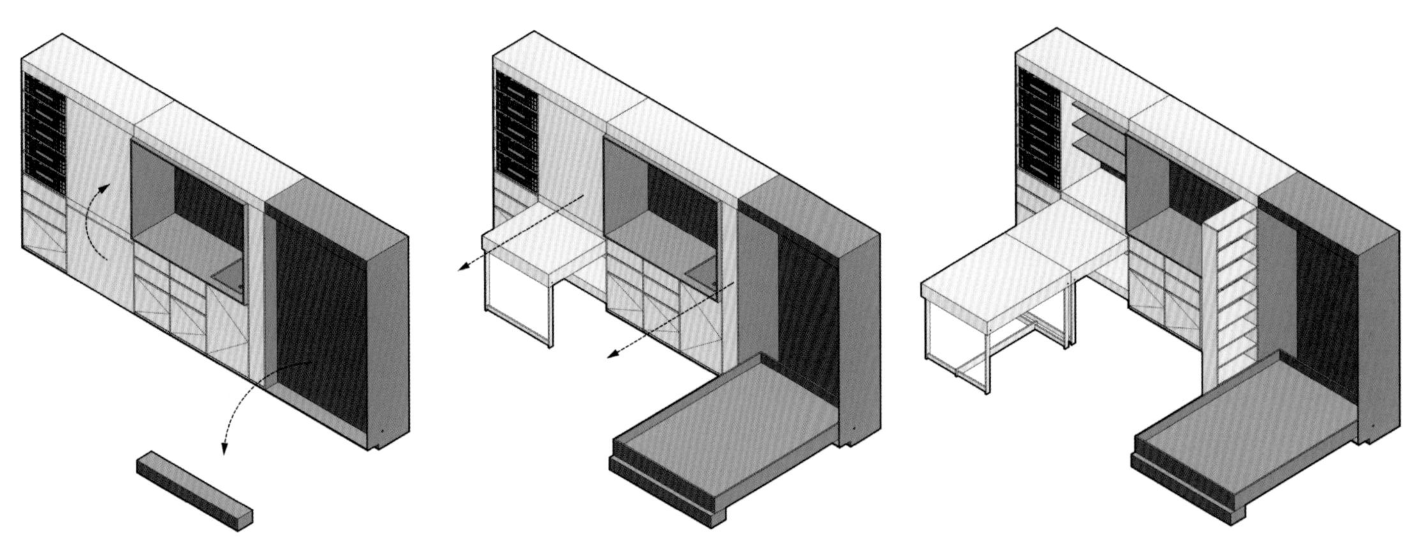

灵活家具

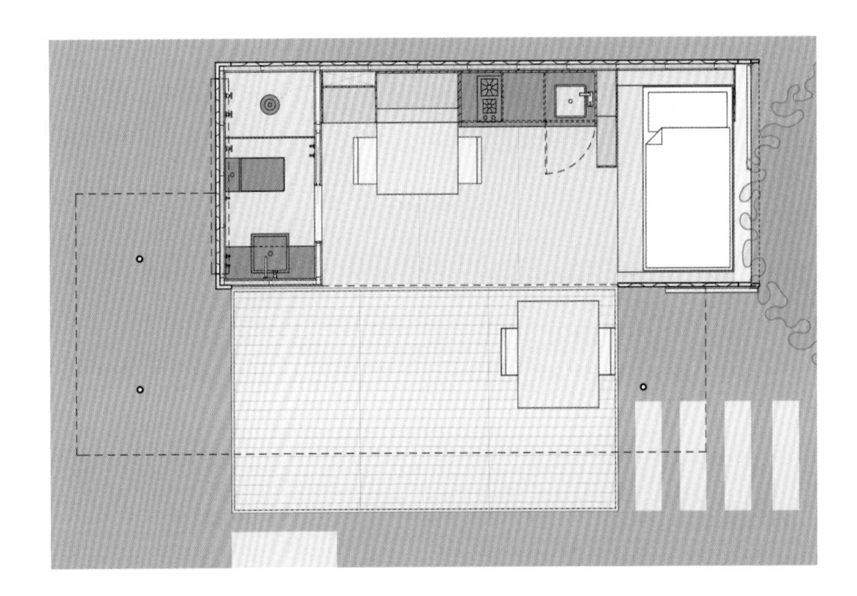

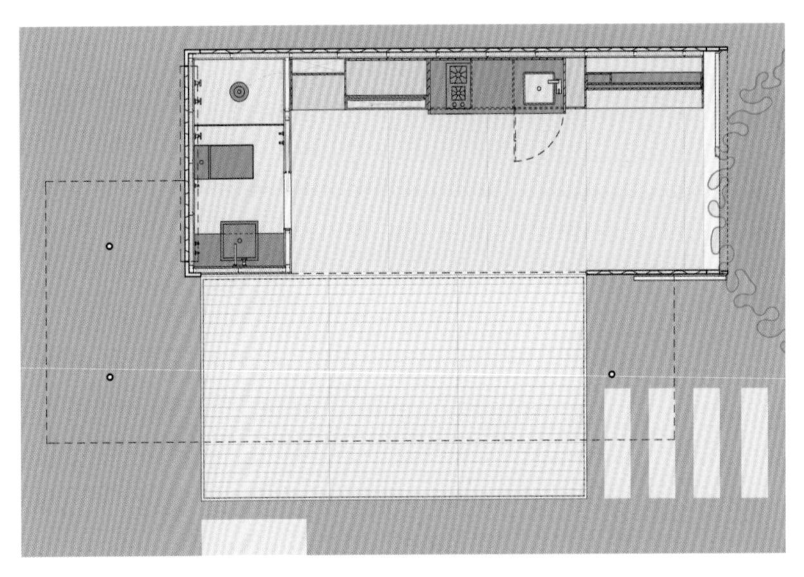

平面图

都适用于多种其他情况。可拆卸的抽屉适用于保存文件和卷装材料。不同的配件可以根据不同的布局、拆卸和内部定制的需要，发挥不同的功能。可拆卸的桌子可以被放置在指定的位置上，允许同时使用折叠桌或在其他地方使用。当桌子不使用时，可以安装在柜体上。此外，我们还开发了一个开放系统，您可以在那里获得一小桌。桌子系统很简单，可以轻松地部署到衣柜里面。免费工作台可以进行各种使用。灶具已经安装在这个空间来补充房子的设施。柜台下面的门柜可以容纳其他的功能设施，如冰箱，酒窖。

02

03

02-03 / 卫生间内部视图
04 / 甲板区

WFH 小屋

项目地点 丹麦，哥本哈根 **项目面积** 180 平方米 **项目时间** 2012 年 **项目设计** Arcgency **摄影** 杰森·马克思·林德（Jens Markus Lindhe）、马德·穆勒（Mads Møller）

WFH 小屋基于集装箱模块化设计概念，采用 12 米的标准集装箱作为建筑的模块结构。这种由于集装箱固有的特性，这种结构能够良好地适应当地气候和地震问题。

WFH 的能源总消耗是丹麦新建房屋的标准要求低 50%。建筑各区域内设置了太阳能电池，所以个别区相对而言能源使用灵活，不受供电的限制。一般来讲，想满足面积在 20 平方米建筑的用电，一般情况下使用太阳能是没有问题的，但想用这种方式满足面积为 30 平方米以上的建筑的用电，就需要建筑中使用节能家电。

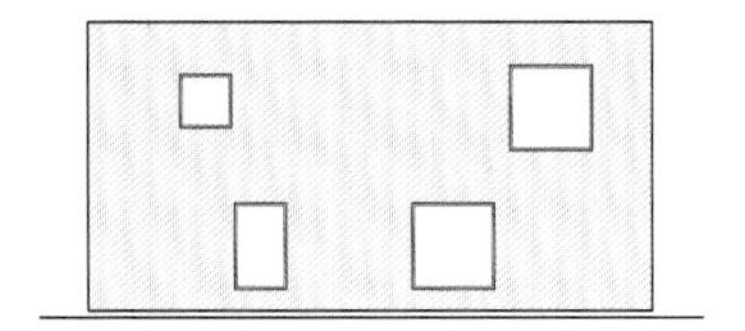
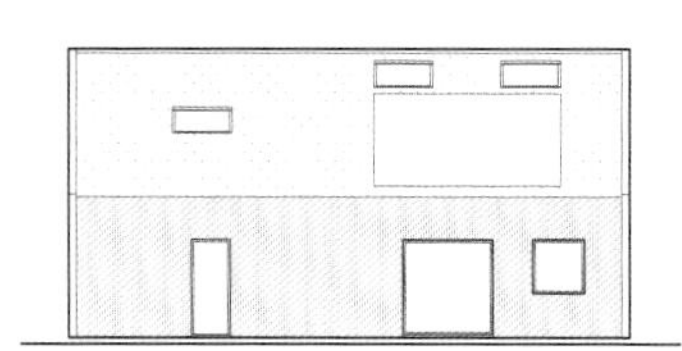
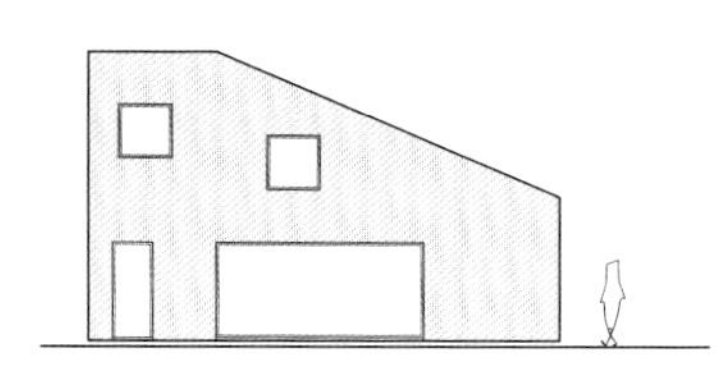
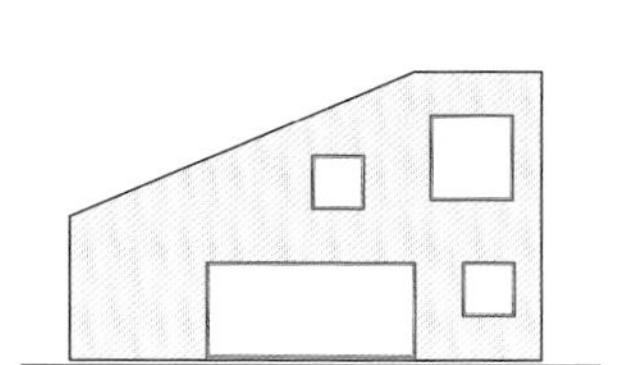

立面图

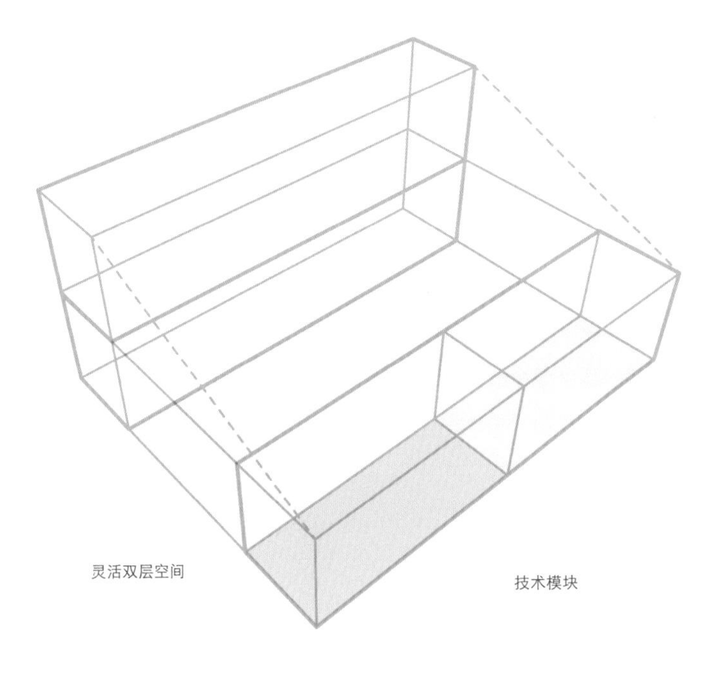

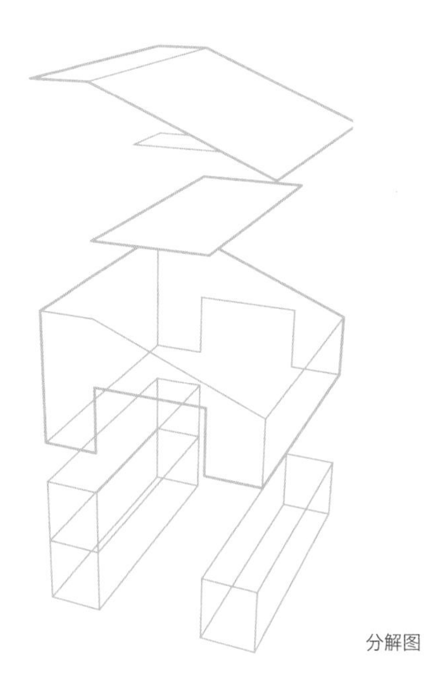

01 / 正面图
02 / 建设中的 WFH 小屋

03

04

绿色屋顶经优化后可收集雨水，用于冲马桶、洗涮和清洁。项目的设计充分体现了灵活、以人为本、使用健康、贴近自然，绿色环保，简约却不失俏皮感等北欧价值观念。

小屋中的 FLEX 核心集客厅、厨房功能于一身，可用于多种用途。房间部分空间是其余空间的双倍高，这样可打造出完美的照明条件。空间的其余部分只有一层楼的高度，可通往二楼。在 FLEX 空间的每一个角落都可以感受到温暖日光的照射。当打开门窗时，室内与室外的景色完美地融合在一起。这也是打造一个开放式的，与自然界亲密接触的房子的基本理念。

FLEX 空间是由两排集装箱拼接而成的，可以根据具体的尺寸要求进行修改和调整。FLEX 空间有许多可能的细分解决方案，能进一步分割成更多小型空间；当然，它也可以不加任何分割和修饰，形成宽敞明亮的空间。厨房炊具等都是入墙式，这样可以节省更多的空间，并且与自来水和管道的连接更加方便和紧密。

卧室由半个集装箱组成，面积约为 15 平方米。小屋共有四间卧室，可以用于多种用途：父母的卧室、小孩的卧室、工作区等。其中有三间房间的两面墙上都设有窗户，这样可以在室内形成不同的光线，营造出一种朦胧奇妙的氛围。墙壁或部分墙壁是可以移除的，增加了小屋布局的灵活性，还凸显了集装箱模块结构系统适应不同需求的能力。

楼梯平台可通往二楼，但也可以作为玩耍、放松或工作的空间。这个平台使人们一方面有一些私人的空间，另一方面仍可享受家人的陪伴。它是一个安静隐蔽的理想场所，却能够观察到房子里发生了什么事情。

03-04 / 建设中的 WFH 小屋
05 / 内景

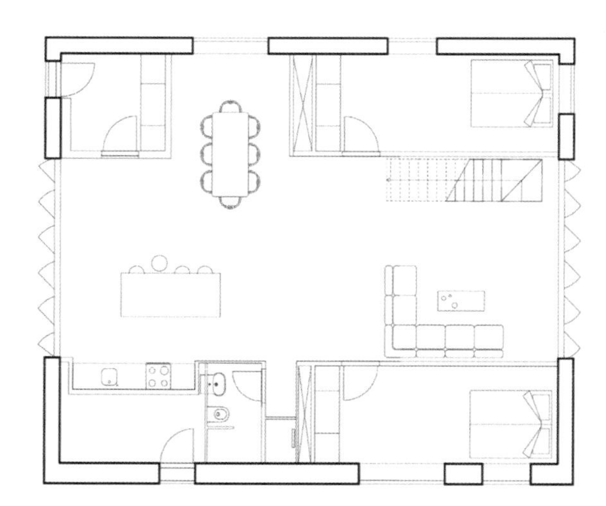

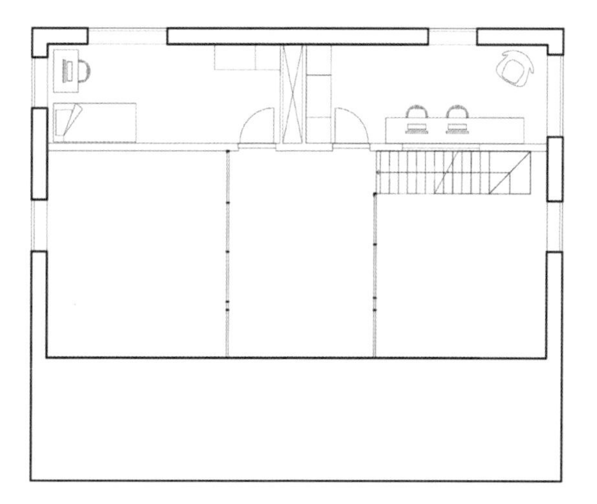

平面图

06

06 / 厨房
07-08 / 细节

城市船舱

项目地点 丹麦，哥本哈根 **项目面积** 4200 平方米 **项目时间** 2014 年 **项目设计** BIG-Bjarke Ingels 集团 **摄影** 罗兰·加尼尔（Laurent de Carniere）、弗莱德瑞克·林（Frederik Lyng）**客户** Udvikling Danmark A / s

01

越来越多的学生来到丹麦哥本哈根求学，这也意味着学生对学校宿舍的需求激增。BIG 工作室所搭建的城市船舱正符合广大学生的需求，为他们提供廉价、舒适的居住环境。位于哥本哈根港口的城市船舱为世界其他港口城市恢复活力、转变为理想的居住环境、解决住房难题等方面供了重要的参考价值。城市船舱能够有效地计算出二氧化碳排放量，然后通过植树等方式把这些排放量都吸收掉，以达到环保的目的。城市船舱由可循环集装箱建造而成，且顾名思义如船只一样停靠在港口流水之上。

城市船舱占地 680 平方米，每个部分由 15 个寝室组成，中间是共同的绿色庭院。建筑另设有用于上岸的皮划艇设备、洗浴区、烧烤区和公共屋顶露台。在海平面下的地下室设有 12 个功能区、一个技术室还有一个全自动洗衣店。

设计师通过将 9 个集装箱围成一个圆圈，打造出中心带有冬季花园的 12 个工作室住宅群组。学生通常在这里举行派对。居住在这里的学生就像游艇客人一样享受这种水上生活。建筑师透露：“我们并不担心海平面上升的问题，因为城市船舱会随水面的移动而移动，所以不存房屋被淹没的隐患。”

为了确保宿舍价格亲民、行之有效，设计师采用环保技术，将光电池植入屋顶用以供电，采用由美国宇航局开发的气凝胶用以隔热，安装节水抽水泵设备用以调节房屋内部的废水、热水、冷水、饮用水以及水循环系统。同时，外设的水电加热系统可以将周围的海水转换为自由、高效、卫生和自然的热源，这种方式不但可比传统的天热气、电力、柴油等发电方式减少 81% 的废气排放量，而且比这些方式更快速、有效地完成转换。

模型

01-02 / 正面图

03 / 细节
04 / 侧面图
05 / 入口

04
UR

05

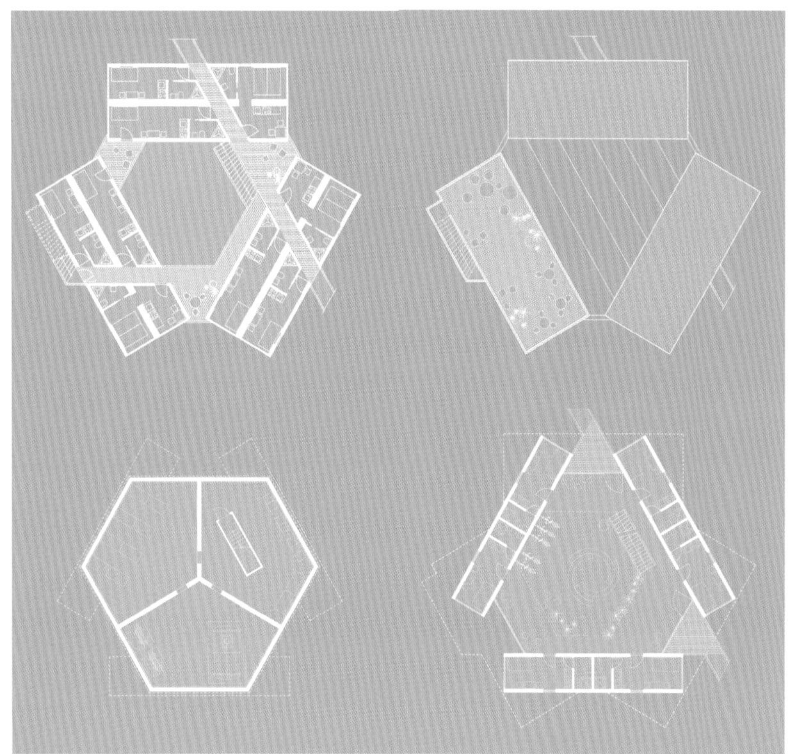

平面图

06 / 室内房间
07 / 水上休息区域

口袋小屋

项目地点 巴西，米纳斯吉拉斯州 **项目面积** 47 平方米 **项目时间** 2013 年 **项目设计** 克里斯提娜·门那赛斯 (Cristina Menezes)
摄影 约马赫·布拉干萨 (Jomar Bragança)

01

平面图

该项目位于巴西米纳斯吉拉斯州贝洛奥里藏特，客户是一位单身男子，以备有一天他想要搬家，他希望设计师可以为他打造一个可移动的集装箱住宅，并希望设计师遵循可持续发展和流动性的原则，使用自然的材料进行设计。项目以集装箱为基础，其余的都在此基础上进行安装与拼接。这种工程最大的优点就是用的时间短，仅需 10 天就可以完工，并且产生的废弃物少，方便运输。

设计采用外部尺寸是 1220 米 ×244 米的 12 米集装箱。然而，加上外面的甲板，外面项目的总面积为 47 平方米。在内部涂层完毕之后，箱体最后尺寸是 1180 米 ×234 米。由于宽度较小，设计师通过切割集装箱的侧壁钢墙并安装透明的滑门玻璃滑门来将这种狭窄的空间感降到最低。同时，玻璃门也有利于自然通风和照明。

室内配置的所有家具都可以简单地随时移动，所以客户可以随时将这些家具移出室内，使外面的甲板也可以成为自家的客厅和厨房。地板、墙壁和天花板都采用了一种经检验认证的木材涂层，使整体空间看上去更大了一些。浴室的玻璃墙壁薄而透明，不但有利于光线的射入，更减少了空间的占用。半透明玻璃上的手绘薄板将客厅与浴室分开。室内采用的是 LED 照明，高节能、寿命长、利环保。口袋小屋虽只有 30 平方米，但麻雀虽小，五脏俱全，厨房、餐厅、客厅、浴室和卧室这里应有尽有，可谓是一个符合可持续理念，设计新颖前卫的独特空间。

02

01 / 正面图
02-03 / 内景

03

最后的旅程

项目地点 法国，默兹 **项目面积** 110 平方米 **项目时间** 2014 年 **项目设计** 斯普建筑（Spray architecture）、加布里埃尔维拉·布加德（Gabrielle Vella-Boucaud） **摄影** 杰伶娜·斯达杰克（Jelena Stajic）

01

“最后的旅程”在一片老牧场的山坡上。穿过森林小路，走到小村庄的尽头，距离树林边不远的地方，你就可以看到。这片森林里充满了当代的艺术作品，它的包容性和接纳性吸引了世界各地的艺术家和设计师来此进行艺术创作。“最后的旅程”这一项目充分体现了项目设计师在多年的海外旅行经验中所获得的独特的艺术审美和创作风格。

“最后的旅程”是一间雕刻工作室充满创造性、寻求灵感和理想的地方。因为项目在山坡之上，所以地面不是完整的平面，而带有一定的坡度。为解决这一问题，设计师在集装箱主体的四角之下，根据坡度和屋体水平面来搭设金属支柱结构，使集装箱主体腾空而起，稳稳地扎根于这山坡之上。6 个 20 米的集装箱拼接结合，扩大了原有单个集装箱的面积，这不仅促进了室内流体循环，还体现了内部布局的灵活性。起居室和办公室分别位于卧室和浴室的左右两侧，并通过一个有雕塑装饰的宽敞走廊相连。屋体还设有两个平台，一个是西南方向，带棚顶的平台，另一个是东北方向一个由简单的金属框架搭建而成的，没有顶棚的室外空间。

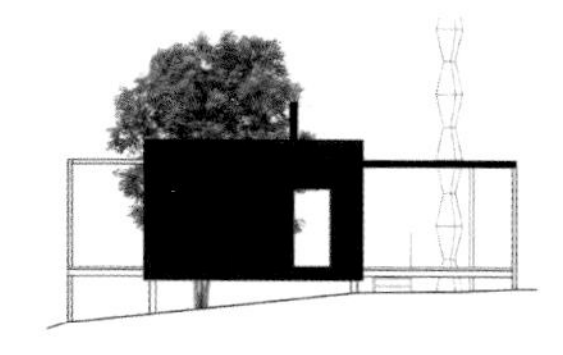

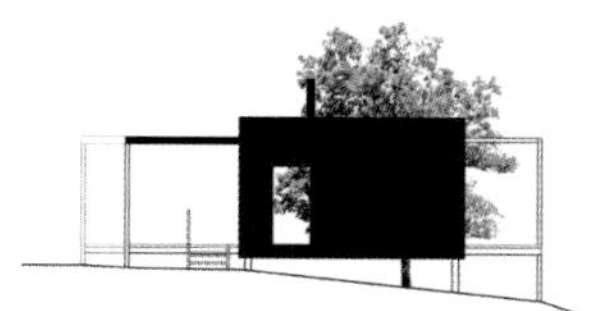

外立面

“粗野主义”认为，美丽的唯物主义简约而又经济。这就是为什么金属结构、钢板和技术设备未经刻意的遮盖和修饰而直接呈现在天花板上，地面上的混凝土等原材料也都清晰可见。外面的黑色金属护墙板与集装箱过渡自然，并凸显了集装箱的金属质感。

这个黑色巨石与乡村景观形成鲜明对比。但是，如果当你站在山顶俯视这里的时候，黑色巨石的房子会显得又长又矮，完美地与周围的绿色背景融合在一起。阳台上的落地长窗和有植被随风吹拂的山丘在同一个横轴水平线上，人们可以透过窗户看到外面美丽的风景。设计师再以同样的角度搭建了集装箱工作室，使建筑整体看上去扩大了一倍。

01/ 带顶棚的阳台
02/ 阳台与雕塑
03/ 高柱支撑的建筑

04

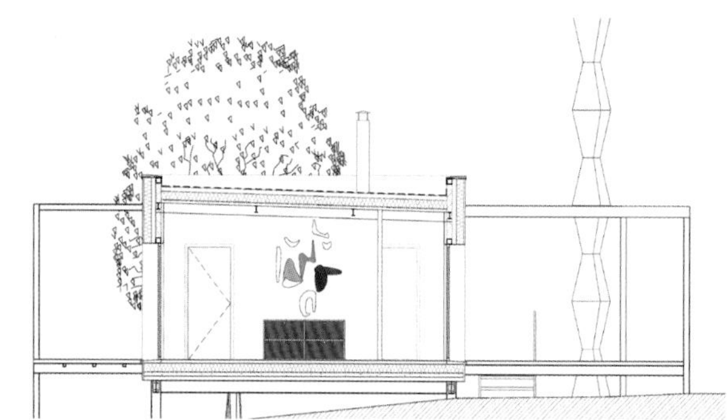

剖面图

05

04 / 长阳台
05 / 花园中的阳台
06 / 客厅

06

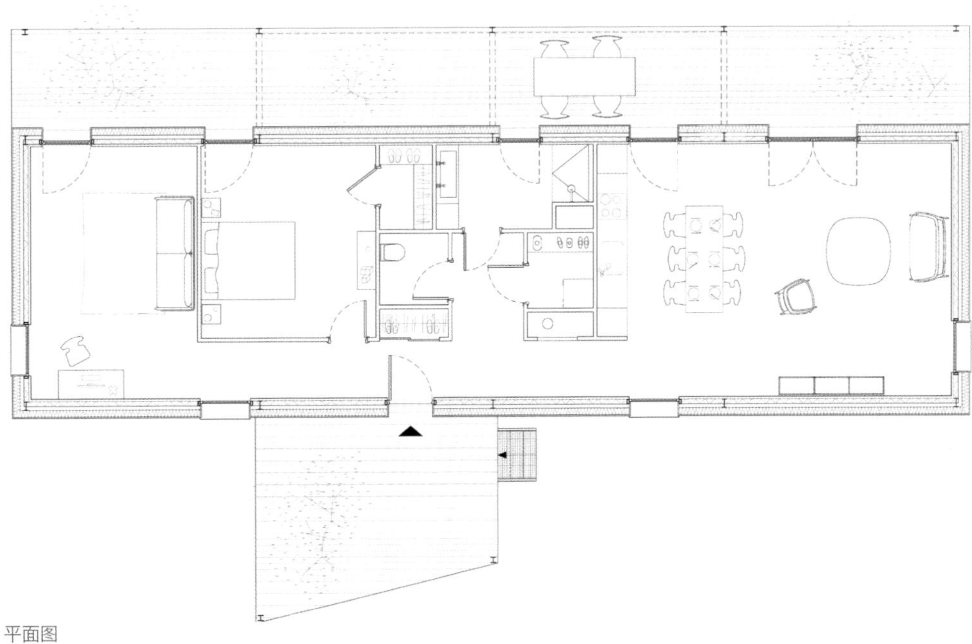
平面图

07

08

07 / 办公室
08 / 卧室

悬崖小屋

项目地点 南非，约翰内斯堡 **项目面积** 210 平方米 **项目时间** 2017 年 **项目设计** 变化建筑 [Architecture for a change (pty)ltd]
摄影 变化建筑 **客户** 玛丽·德瑞斯科尔 (Mary Driscoll)

客户希望能够建造一个重量轻、可自己在自足、价格适宜的房子。目前，南非住宅设计仍然坚持传统的建筑方式，但这种方式不适合当前的环境（殖民地建筑方法）。因此在设计房子之前，需认真分析目前的解决方案、可用技术以及未来前景，才能为房屋设计打下良好的基础。

由于南非的持续性建筑的造价成本颇高，所以这类建筑在南非并不常见。由于预算方面的限制，正确处理可持续性与可支付经济性的关系是该项目的一个关键以及挑战。这个问题并不是南非所特有的，而是世界所共同面临且急待解决的。项目采用了轻量化的施工方法并最大限度地减少了混凝土的使用，以减少对施工对原来环境的影响以及对地形的破坏。设计师将两个二手集装箱拼接作为结构悬臂使用，并巧妙地将这些不再适用于运输的二手集装箱升级成结构完善的建筑模块。

01 / 集装箱顶部的悬臂部分
02 / 轻重量钢楼梯

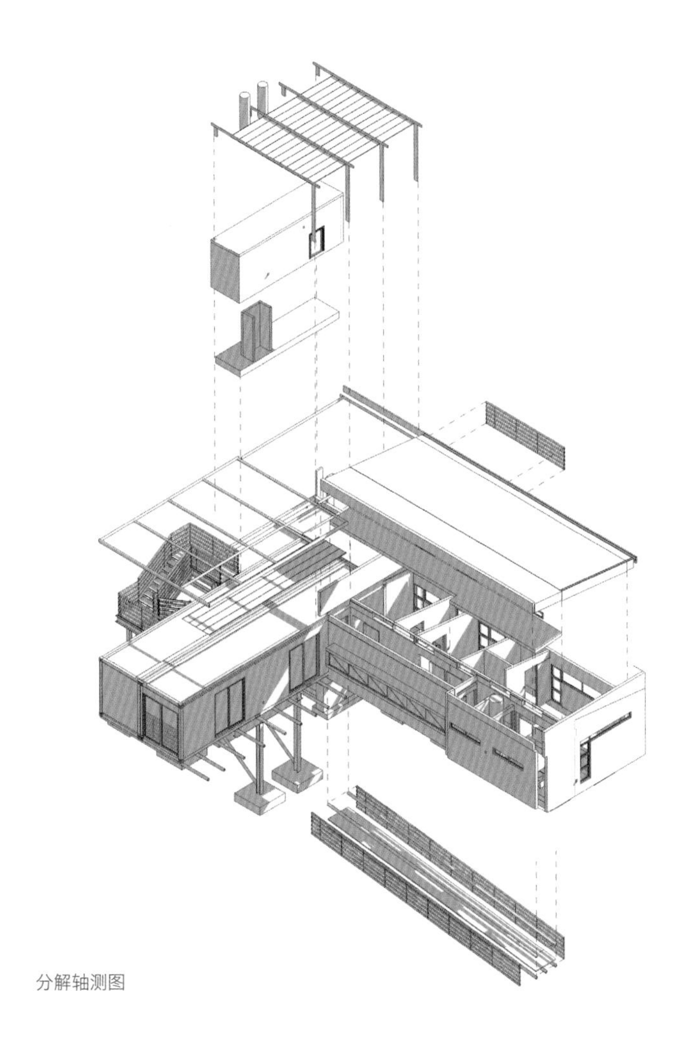
分解轴测图

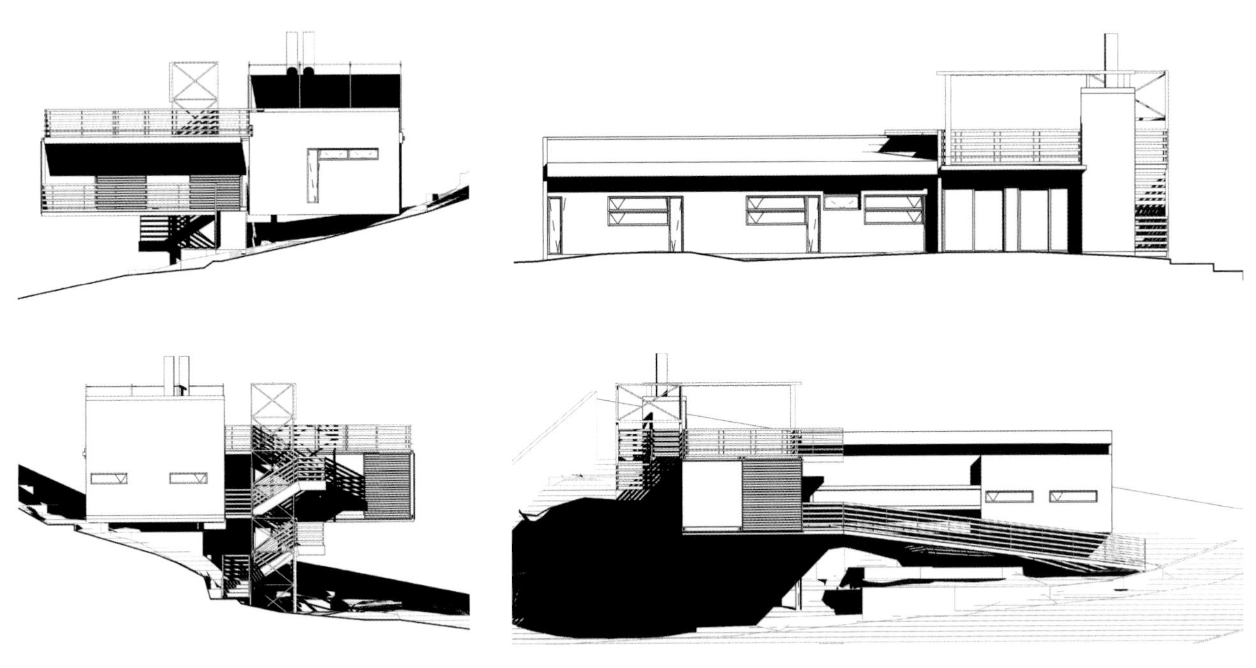
透视剖面图

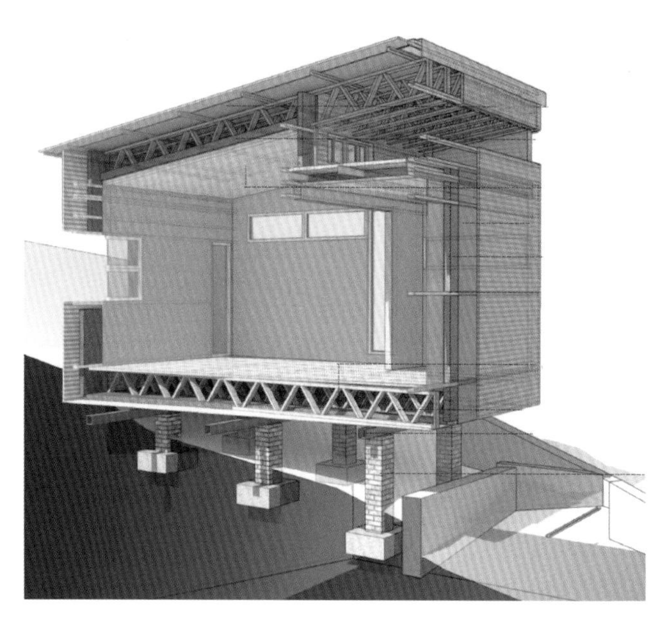

东侧立面图

房子的另一部分是用预制轻型钢结构建造的。这些预制结构在工厂生产之后，通过两个集装箱运输到项目地点。所以在这个项目之中，集装箱不但发挥了模块结构作用，更是体现了本身固有的物流交通作用。建筑的复合墙由多层墙面组成，其阻隔热量穿透的能力（R 值）远大于普通常见的砂浆和砖墙的数值。所使用的空心墙隔热材料是由可循环的废塑料瓶制造而成的。项目通过在建筑上覆盖一层钢板，打破原有波浪钢板为残次品的概念，更新了现代审美价值理念，使人都可以买得起房子。地板是由软木面砖平铺而成的。软木面砖也是可循环使用的，是对软木螺丝制造过程所产生的废物加工提炼而成。

建筑配有抽水的钻孔，可自给自足，无须与市政供水系统相连。室内所有的照明设备都是 LED 低瓦数灯具，并通过太阳能系统发电。厨房里的燃气灶带有瓶装燃气，不需要市政燃气系统相连，同时还有烤箱，通过太阳能发电来运转。建筑最大程度地发挥了自然光的作用，减少了白天电子照明的使用。项目同时优化了自然通风系统，避免夏天过度的空调使用。建筑的窗户采用双层玻璃 uPVC 框架，可有效地提高绝缘水平并起到疏散热量的作用。

03/ 钢坡道
04/ 集装箱东侧图

05 / 悬臂部分底部
06 / 室内装修设计
07 / 集装箱屋顶甲板

06

07

尼莫小屋

项目地点 韩国，济州岛 **项目面积** 农村土地 **项目时间** 2013 年 **项目设计** 李强素 (Kangsoo Lee)，强中勋 (Joohyung Kang)，李泰厚 (Lee Taekho)，崔英澈 (Yeongcheol Choi) **摄影** 李强素 (Kangsoo Lee)

01

客户希望可以在农田和山脉环绕的韩国乡村中建造一个属于他们自己的新家园。设计师一方面在满足客户需求的同时，另一方面也希望该项目可以成为经济型住宅的替代解决方案。尼莫小屋由三个集装箱拼接而成。集装箱的结构强度高，密封性好。现如今，可循环集装箱是创建现代化和廉价住房的方法之一。虽然集装箱具有高强度、耐用性、可用性和低成本明显的优势，但是要想用其搭建永久性住宅，仍然是一道难题。除此之外，当时集装箱建筑在韩国并不常见，人们对集装箱建筑的认识也是有限的。

尼莫小屋是韩国第一座内装精美、环境舒适的集装箱建筑。尼莫小屋可以在短时间内组装、拆卸和重组，彰显了其便捷性和灵活性。因其可持续和经济环保的特点，集装箱住宅设计是一种名副其实的绿色回收和重新利用集装箱的方法，是一种打造舒适家庭环境和当代风格的重要途径。集装箱住宅将可回收材料与创意相结合，使废弃的或过时的集装箱变成高效的、实用的、舒适的小屋。

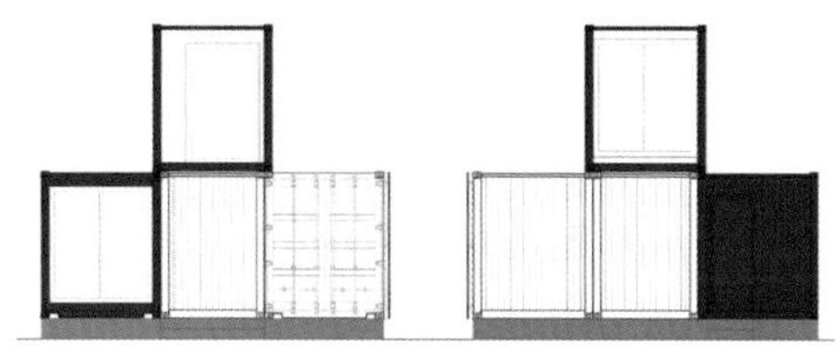
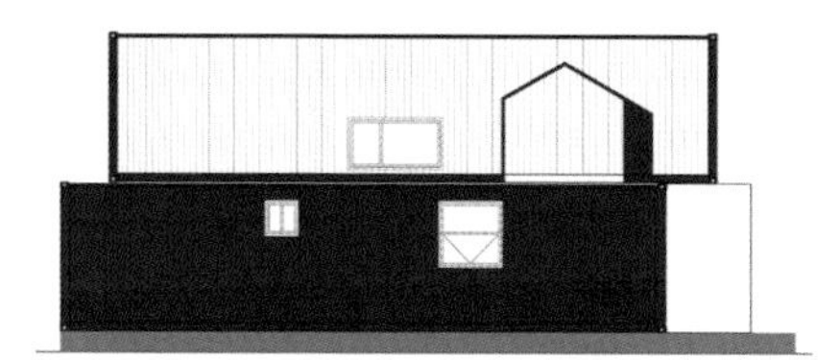
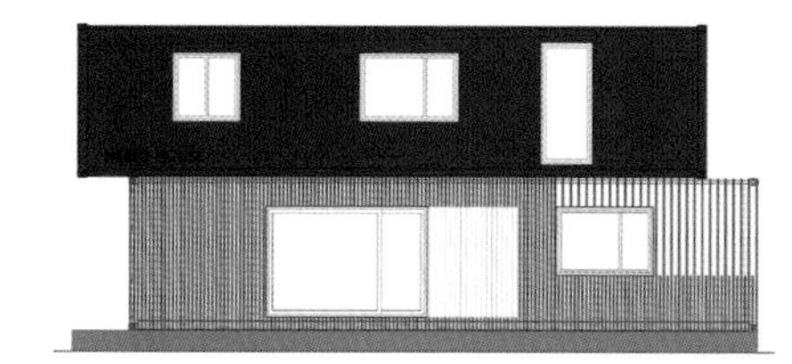
立面图

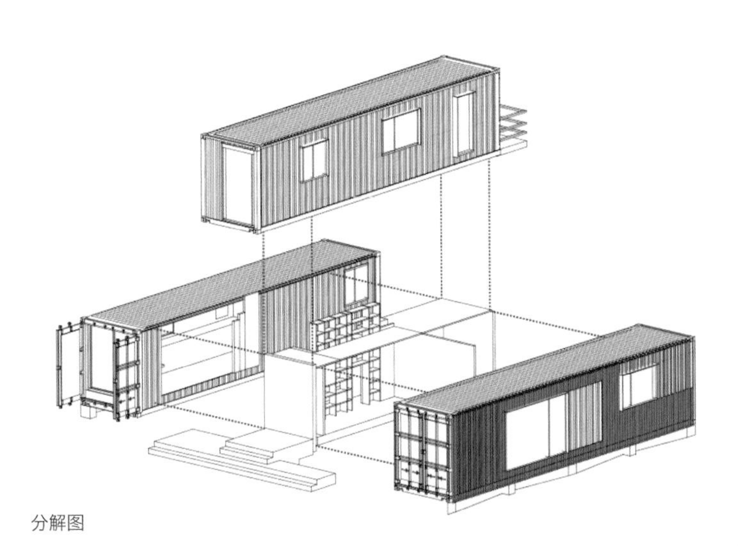
分解图

Nemo 在韩语中是矩形几何的意思。正如房子的名字所表示的那样，它包括三个集装箱叠放成一个两层高、带有庭院的小阁楼。两个 12 米长的高立方体集装箱，比一般集装箱高出 0.3 米，构成了整座建筑的基底和一楼。这两个集装箱之间有 2.4 米的空隙，这样的拼接方式使客厅和厨房的空间宽度高达 6.7 米。被用作二楼的第三集装箱起到覆盖这个空隙的作用。集装箱住宅周围绿意盎然，烘托出一种愉快的气氛，体现出一种宁静的乡村生活方式。设计师希望可以通过建筑的可循环集装箱的钢结构、南面的绿色木质表面以及透水广场路面节约更多的能源。一楼设有起居室、厨房、餐厅和楼梯。第二层的集装箱与第一层的两个集装箱相互交错叠放，形成阴影区域，正好向门廊和阳台投射出倒影。

这种简单的设计增强了前后门周围自然环境的联系和互动性。二楼由三个面积相同的集装箱组成的，专为两个孩子打造的游戏室、一个带楼梯的木制书架，还有一间带大窗户的卧室。

01 / 正面图
02 / 侧面图
03 / 细节

一楼设有主卧室、客厅、餐厅厨房、浴室和杂物间。白色的装饰和一个大型的透视书架楼梯通向二楼，将客厅、餐厅、厨房和露台相互连接，组成一个开放的家庭空间。朝南的长边立面采用了落地窗户和木质覆层来掩盖二手集装箱波纹钢表面的一些划痕，更加突出并增强了建筑本身的金属感。

在有限的预算下，设计师尽最大的可能改善了供暖系统，使小屋在冬季恶劣的气候下依然保持温暖舒适。本项目设计上的另外一个特点是集装箱门盖的使用。集装箱的门盖被用作餐厅的门，将门打开，内部空间可以与外面的露台相连接。集装箱门盖在起到重要的结构作用的同时，也提供了一个温馨愉快的开放式空间。尼莫小屋设计实用、环保且可回收，可循环、价格适宜、装卸便捷、耗时短、耗力小。借着尼莫小屋，设计师希望集装箱小屋设计在实际各地得到更加广泛的实践与应用。

04

04-05 / 楼梯
06 / 细节

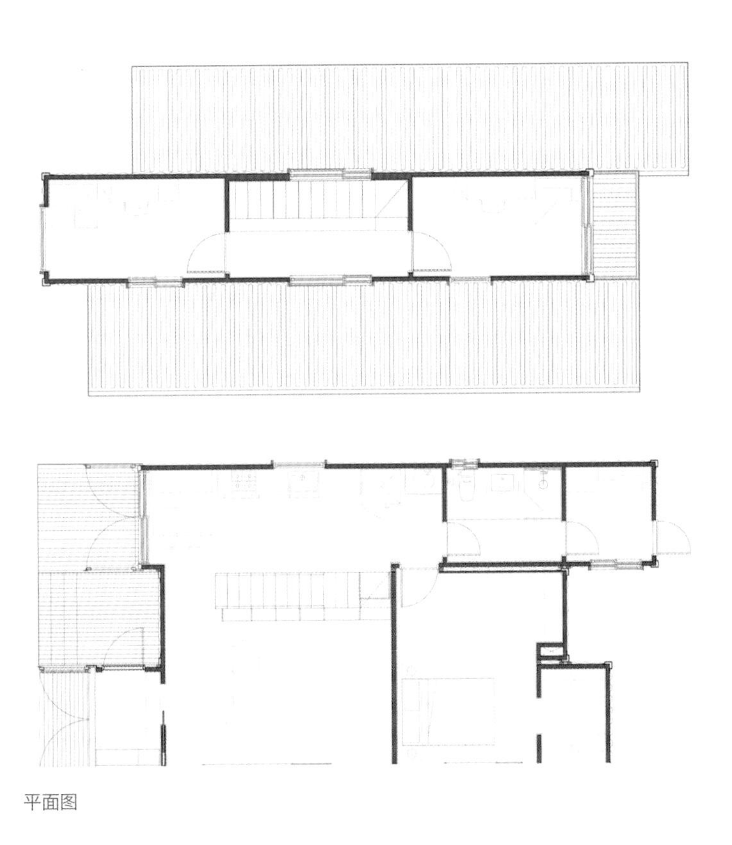

平面图

多功能工作室

项目地点 印度，新德里 **项目面积** 111 平方米 **项目时间** 2016 年 **项目设计** 木工作室（Studio Wood）、萨哈伊·巴哈提亚（Sahej Bhatia）、那威雅·埃格瓦（Navya Aggarwal）、维琳达·马瑟（Vrinda Mathur）**摄影** 罗涵·达亚尔（Rohan Dayal）
客户 罗霍特 & 洛卡·埃格瓦（Rohit & Richa Aggarwal）

01

2016 年，木工作室被授权在 1200 平方米的公寓屋顶上设计一个轻便的临时结构。该工程有一定的重量限制，而且项目时间紧迫。经过几天的激烈讨论，设计师决定采用金属大梁和桁架构建外框并用软钢面板整修包着塑料膜的旧集装箱。

首先，通过在现有的露天地板上铺设 150 毫米 ×150 毫米的横梁来增加地板高度。这样的设计不但可以使房屋呈现一种浮动效果，还可以避免雨从下面渗透进来。外墙以地板栅格支撑，以特拉福德板材平铺的倾斜的屋顶。由

02

03

于该项目建在露天台上并装有两种宽度不同的天窗，所以房间日照充足且通风良好。客户希望设计出一种多功能工作室，使员工可以白天工作，晚上娱乐，将工作空间和活动领域巧妙地联系起来。空间被划分为三个区域：开放式户外区、带有木甲板门廊的半开放式区以及封闭式小屋。

走进小屋，映入眼帘的就是一个三分式滑动 UPVC 玻璃门。这扇玻璃门可以将内外空间自然地连接起来。半开放式的木甲板悬臂梁让空间看起来更小，且有屋船舱般的味道，在这里享受早茶是最好不过的选择了。

建筑景观也有一些有趣的特点，比如秋千以及悬挂在不同高度的多功能立方块。这些结构可以以线性方式移动，呈现出不同的样子。

这个项目最具挑战性的任务之一是为户外浴室设计滑动门。必须将 3 米高的厚重的大门设计成滑动式的大门。设计师巧妙地利用在汽车制造中常用的滚珠轴承结构解决了这一问题，实现了大门从开门到关门之间的平稳过渡。

04

01 / 小屋外观
02 / 半开式悬臂甲板
03 / 三米高的浴室金属门
04 / 景观

建筑景观的另一个突出特点是多层次的功能墙。定制的硬纸板盆栽以不同的高度放置在由低碳钢打造的阶梯结构上。花坛一隅甚至整个墙壁也因这种结构技术得到了绿化。

内部设计也与集装箱一样符合模块化的概念。只需轻轻一按，就可将沙发变为一张舒适的床，也可同时作为五人座的沙发使用。设计师在项目设计时，将方位、气候和舒适性等多种因素都考虑在内。除了已建成的区域，露台园林绿化也要考虑采用植物、水域以及遮阳篷进行微气候调控。

05

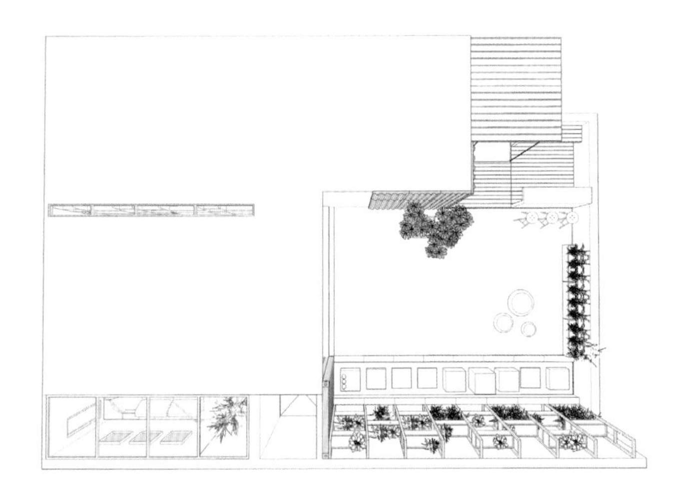

天花板平面图

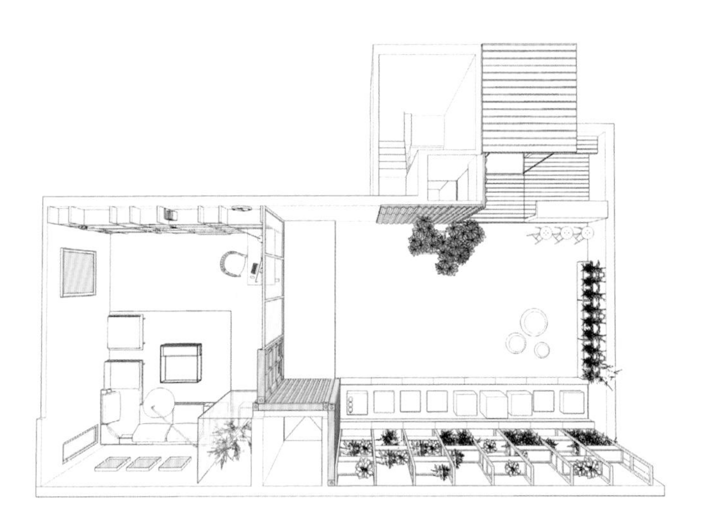

平面图

05 / 露天沐浴区
06 / 小屋内饰

06

UNIONKUL STACK II

项目地点 丹麦，哥本哈根 **项目面积** 1000 平方米 **项目时间** 2016 年 **项目设计** Arcgency **摄影** COAST_ Arcgency
客户 UNIONKUL A / S

STACK II 在有限的时间内为工程所在地提供良好的工作条件。在项目开发初期，设计师希望 STACK II 可以移动到一个新的临时位置，或作为新建筑物的组成部分使用。

该设计与 STACK I 的原理是相同的，是对 STACK I 的继承与发展，是和有远见的客户进一步的合作。STACK II 方便快捷、可持续、操作性强，是临时办公室的经典代表之作。STACK II 就建在 STACK I，两座集装箱建筑并排俯瞰港口，为创意企业和初创企业提供了一个充满活力的例子。

专为斯堪的纳维亚气候设计（ - 10 至 + 25）、低能耗（每年低于 41 千瓦时 / 平方米），采用高度绝缘外墙面板（300 毫米，U 值：0.13 W / m2K），方便拆卸，以及 90%的可回收材料，自然通风良好，3 层厚的玻璃、遮光板和将对场地的破坏降低最小的场支柱都是 STACK II 的主要特色。

STACK II 的整个承重结构由 6 米高的集装箱排列成两行拼接而成，高三层。集装箱之间的空隙可以适应不同的需要进行改动。这样大大提高了建筑的灵活性，以适应租户数量的波动。

01 / 正面图
02 / 细节图

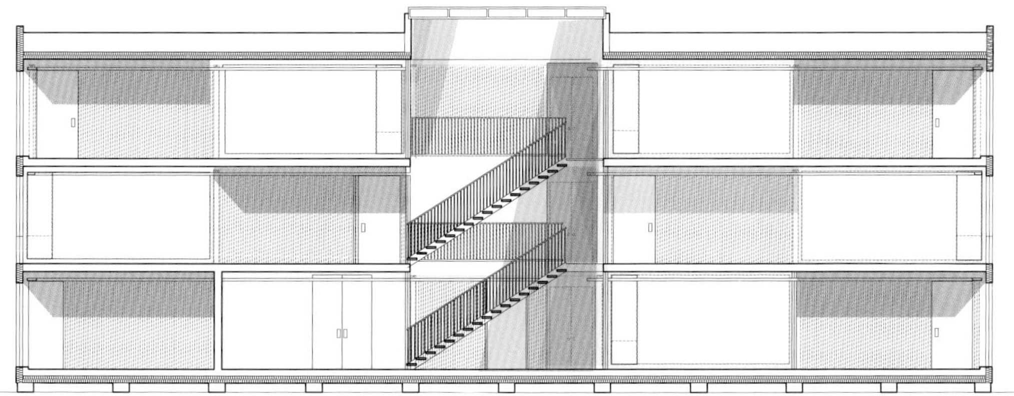

剖面图

03

集装箱箱体搭建在几个柱子之上，高性能绝缘夹层板从六面将建筑包围。集装箱密封的外壳可以减少热损。设计师一改传统的地基，采用圆柱作为支撑，这样不但对场地的破坏降到最低，而且还能简单轻易地移动建筑。

STACK II 充分展现了对集装箱的实用性和美观性。由于绝热的需要，集装箱的外面刷有涂层，但是人们仍然可以在建筑的内部和入口旁的集装箱塔屋看到集装箱的痕迹。这也使建筑的内部和外部形成鲜明的对比。建筑入口处的左侧设有集装箱塔屋，塔屋不但具有防火功能，也使入口更加显眼并且凸显建筑物的集装箱主题。室内的所有技术安装痕迹皆清晰可见，不但显眼、且便于拆卸，更是彰显建筑特色的点睛之笔。

白天，日光透过玻璃窗洒入室内，人们可以在窗边欣赏海滨和海港的美丽景色。室内的窗户既可以保证办公室之间的交流，又可以保持各部门之间的隐私，在这里形成良好的工作环境和协作的工作氛围。

03 / 细节图
04 / 工业风中央楼梯

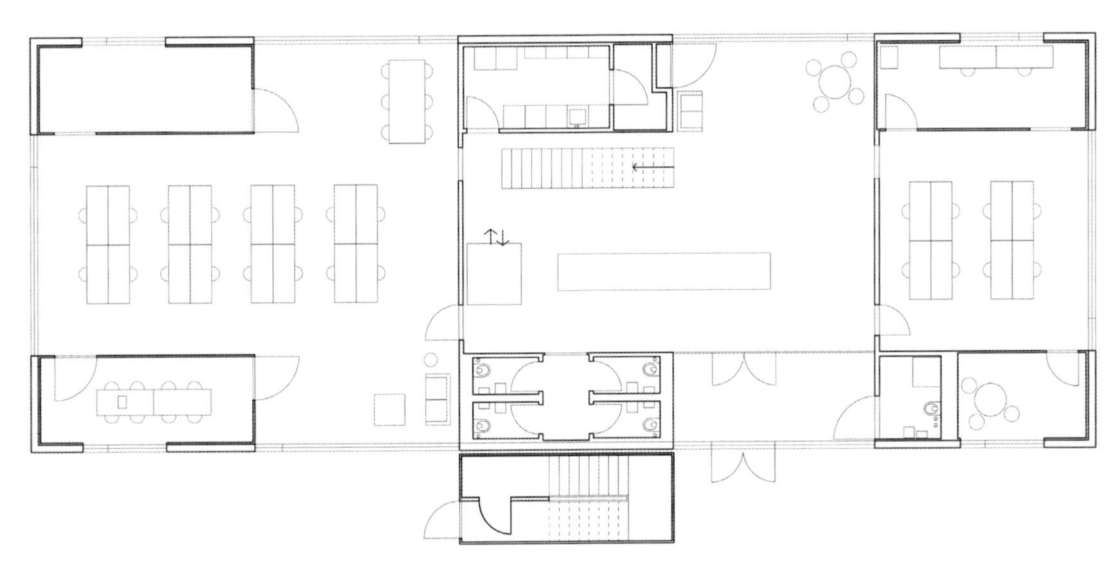

一楼平面图

05

Stack II 预计会在北港 (Nordhavnen) 保留 10~12 年。为了达到环保的设计和易于后期拆除的要求，设计师采用了集装箱模块化结构，这个项目只由几种材料组成，所以就算日后整个建筑物需要拆卸并将其移动到其他地方或将部分材料移出投入到新建筑物的使用中也是轻而易举的。

随着小型企业不断发展，初创企业和创意企业越来越希望可以利用废地打造出经济实惠的工作空间。STACK II 无论是从环境的角度还是从预算的角度来说，都是满足这些需求的上等选择。

06

05 / 工业风中央楼梯
06 / 细节图
07 / 办公室

07

上海青浦集装箱售楼处

项目地点 中国，上海 **项目面积** 270 平方米 **项目时间** 2016 年 **项目设计** 旭可建筑 (AtelierXÜK) **摄影** 苏圣良

01

上海青浦集装箱售楼处位于上海青浦区，是东面商业综合大楼的临时销售办事处。由于项目本身的特殊性，客户决定采用集装箱作为主要建筑结构，充分发挥集装箱经济、快速和便捷等优势。这种简单而又明了的建筑风格也与开发商发展的总体定位相吻合。由于项目预算有限，设计师从最开始就面临着一个实际的问题，如何用最少的集装箱打造出最大的建筑空间？解决这一问题的方法便是将集装箱交错叠放。为减少集装箱的使用数量，设计师采用集装箱交错叠放的方法打造出一个双层中庭展示空间建筑。中庭面对入口，东西对称。这种合理的设计一方面构建了建筑简单有力的空间秩序，另一方面也通过室内和室外的方方面面体现出来。

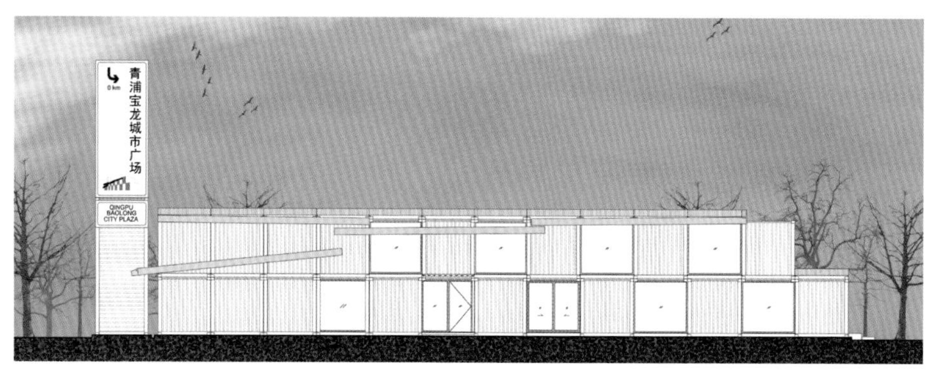

立面图

中庭的照明系统是专门为适应项目的空间特点而量身设计的。自然光透过中庭墙上的交错的空隙为室内提供提供光亮和照明；夜晚时分，洗墙灯的灯光打在上下交错的墙壁上，并通过光面反射照亮室内。这样以来使室内在白天和黑夜形成自然、微妙的过渡，并带来不一样的感觉。中庭的尽头是办公室、财政部现金室、会议室、洗手间等后勤空间。中庭和后勤空间之间是一组带有雕塑感的楼梯。穿过楼梯来到二楼，在那里可以俯瞰整个中庭，或在小型会议室中举行会议。设计师巧妙地设计并充分利用行政区域的空间高度，将所有的通暖空调设备都安装在隔墙上而不是天花板上，从而节省大量空间。

02

平面图

01/ 侧面图
02/ 入口
03/ 内景

03

04 / 细节
05 / 楼梯
06 / 二楼

05

06

珠海蜜蜂 +

项目地点 中国，广东 **项目面积** 1400 平方米 **项目时间** 2016 年 **项目设计** 珠海市蜜蜂科技有限公司 **摄影** 库里南工作室、巴克建筑

01

珠海蜜蜂 + 合作空间位于中国南部，是 Bee + 的第一个项目。蜜蜂 + 由 36 个集装箱和钢结构搭建而成，里面有一个公共的工作空间、一个创意餐厅和屋顶花园酒吧。珠海蜜蜂 + 是由非专业建筑设计师设计的。2015 年，设计团队提出了利用二手集装箱搭建共享办公室的设想并咨询了相关建筑设计公司。由于费用超出预算，设计团队最终决定亲自操刀设计。刚开始的时候，设计团队对项目并没有一个清晰的概念，只是其定位为造型炫酷、让人记忆犹新、惊叹不已的建筑。设计团队用乐高积木搭建出一个大致的形状，同时在里面设置了不同的功能区域。最终，设计团队将这个模型交给建筑设计机构的专业人士，从专业的角度对结构进行了调整。

01-02 / 侧视图

02

03

04

03 / 俯瞰图
04 / 楼梯

05 / 小酒吧
06-07 / 内景
08 / 厨房
09 / 健身房

08

09

潮汐空间

项目地点 中国，北京 **项目面积** 150 平方米 **项目时间** 2015 年 **项目设计** 常可、李汶翰 **摄影** 孙海霆、常可

01

潮汐是一种自然现象，指海水在天体（主要是月球和太阳）引潮力作用下所产生的周期性运动，习惯上把海面垂直方向涨落称为潮汐，潮汐是当下中国的一种社会现象。通过人自身所处的地理空间在短时间内的剧烈变化，使人的生活与心理处于一种潮汐的状态。

他的引力来自于中国城市与乡村能量的巨大失衡。这样的能量失衡，往往通过城市空间的潮汐现象表现出来。于是我们可以看到很多的词汇出现。“潮汐效应”是指工作时间人们在 CBD 区域大量聚集，下班后又向居民区大量迁徙的现象。而“潮汐车道”这样的交通措施也应运而生。城市空间渐渐被巨大的基础设施所取代。潮汐现象的出现说明了城市空间利用率的不平衡。空间单一化的功能造成了社会价值的巨大消耗和浪费。

作为一个初创的设计工作室，工作室的功能性和可适应性非常重要。由于项目和人员的不断变化，所需要的空间可能每周都有所不同。固定的空间格局将不能适应快速变化的工作体系和结构。除了工作室日常工作要求，休息、阅读、交流、会议、做模型实验、聚餐、看电影、沙龙等辅助生活的功能变得尤为重要。上午进行模型制作，中午围坐在一起吃个午餐，下午在会议室接待甲方，晚上大家一起开个设计沙龙，这些功能如果都需要一个单独的空间，势必会

01-02 / 潮汐集装办公空间

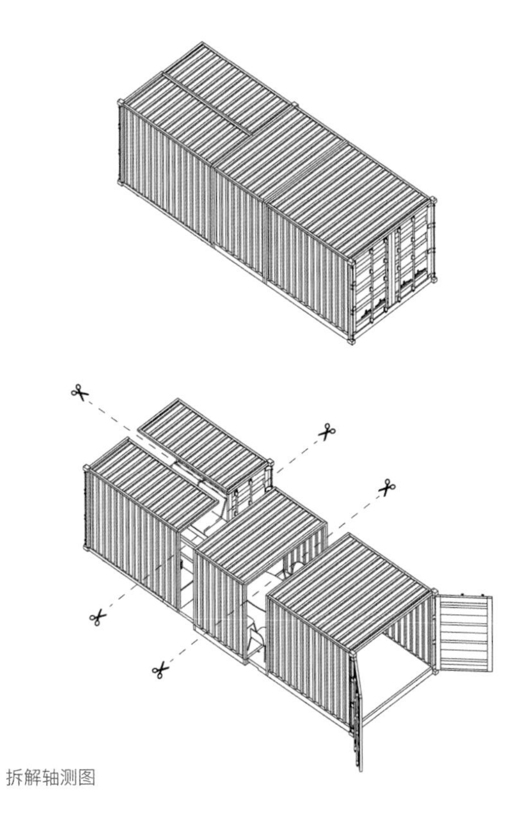

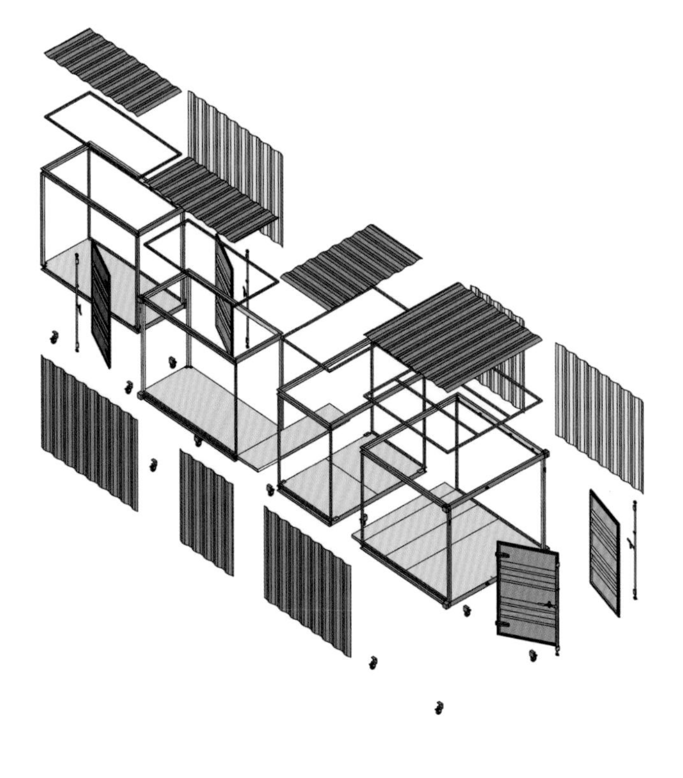

拆解轴测图

造成很大的空间浪费，因为我们很少同时进行这些活动。如果将这些功能空间作为独立的功能块，在整个空间中随机分布。随时调整位置和组合，就能充分的节约空间，使空间功能不成为一种负担。

集装箱是一个纯粹的空间概念体。集装箱通过合理的尺寸将货物进行极致化的装载，使航运的效率最大化。集装箱办公空间同样利用了这个理念。将所需空间功能集装入一个标准 6 米的海运集装箱。在不需要使用到这些功能时，四个部分集合成一个完整箱体，最大化的集约剩余空间。需要使用功能时，通过底部滑轮随意组合空间形式，制造出千变万化的空间体验。为了方便在工作室内部施工箱体，箱体系统被设计为全栓接结构体系。在工厂预制好建筑构件后，由工人分别搬运至三层工作室区域组装，避免了大型机械的吊装。整个组装过程用时 3 小时，可再次拆卸搬运去下一个工作空间而不产生建筑废料。集装箱赋予了工作室一种临时性的氛围，增强了团队工作的专注度和工作室设计理念的凝结度。

03-04-05 / 细节
06 / 潮汐集装办公空间一角

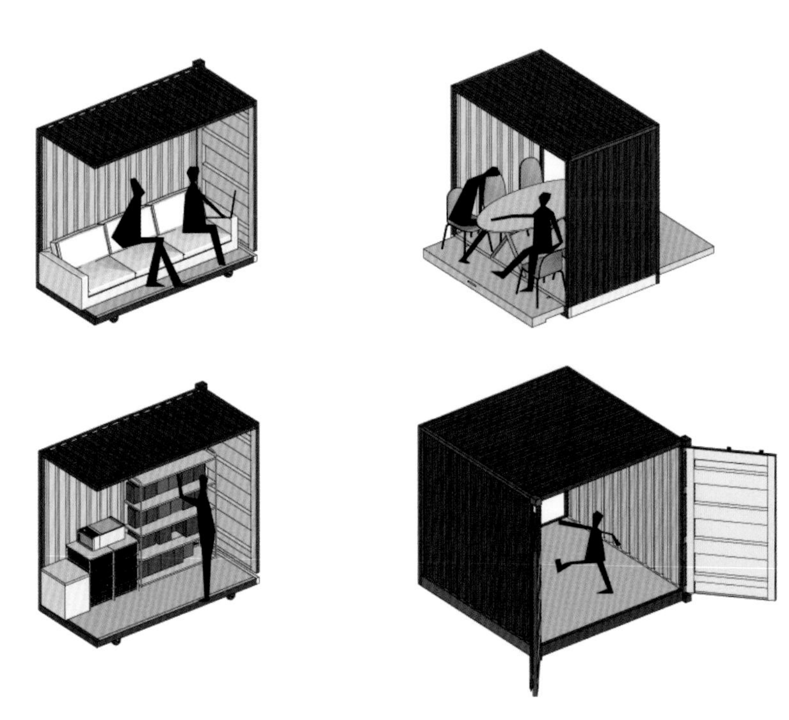

功能分析图

创新工作室

项目地点 英国，肯特罗切斯特 **项目面积** 900 平方米 **项目时间** 2017 年 **项目设计** Cityzen **摄影** Formatt & Photography

01

斯特洛德创新工作室是一个由 15 间办公室和 18 个存储室组成利用可移动、可循环使用的集装箱建筑。项目位于梅德韦河岸，在改造之前，项目所在地濒临废弃。梅德韦委员会长期以来一直致力于重振废地的事业中，并制定了 20 年改造计划。作为改造计划的一部分，该项目旨在重建滨水区，使水磨坊码头成为企业家的中心。

由 CargoTek 和 QED 可持续城市发展建设公司共同开发并设计的斯特洛德创新工作室仅用 10 周的时间便完工。CargoTek 负责整个项目，包括产品设计、供应和安装。QED 可持续城市发展建设公司负责规划以及整体的设计。屋顶上的太阳能（PV）面板可为室内提供所的能量供应，如有额外的能量产生，太阳能面板可以自动蓄电，以备不时之需。工作室设有厨房和卫生间等设施，还有可预订的会议室和一个自行车安全停放区。斯特洛德创新工作室将为附近的 Medway 创新中心（ICM）提供业务的支持，如卓越高质量服务，交流活动和培训机会。

02

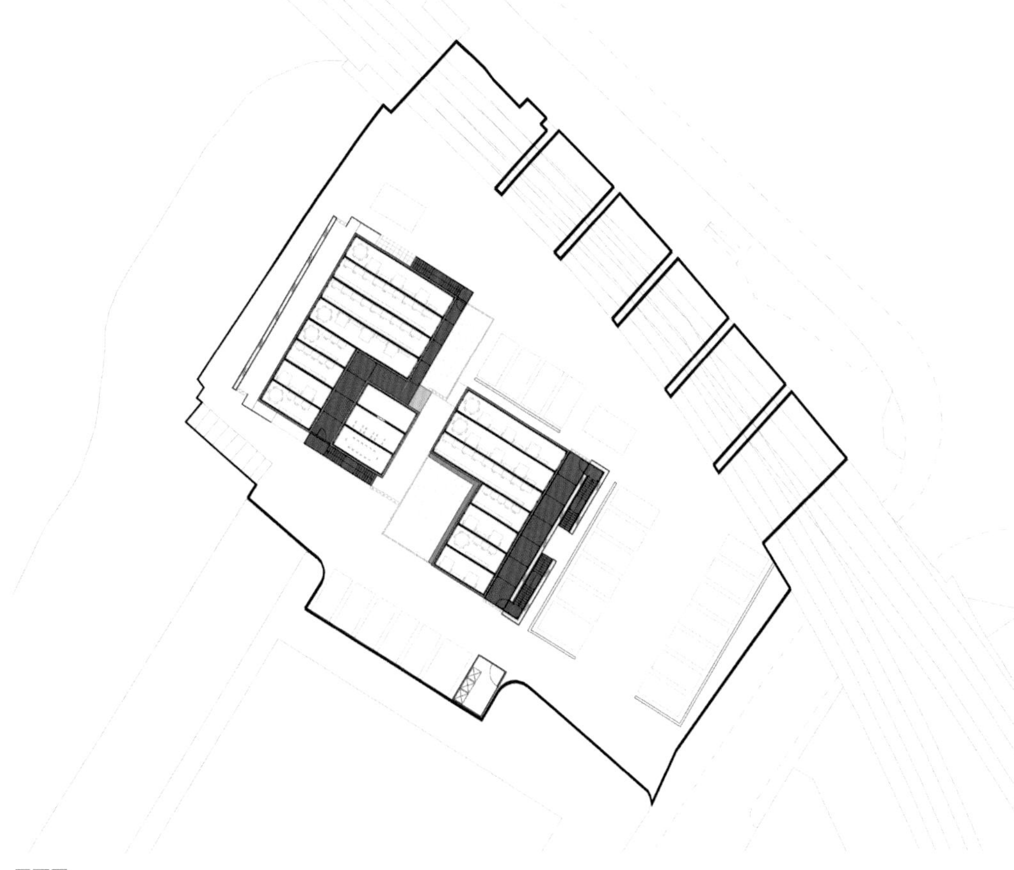

平面图

01 / 正面图
02 / 停车场视角 A 座南侧图
03 / 右下河边视角 B 座北侧图

04

05

04 / A 座南侧图
05 / B 座侧面图
06 / B 座下的仓库
07 / 连接 B 座 C 座的内廊

约书亚树

项目地点 美国，加州 **项目面积** 200 平方米 **项目时间** 2017 年 **项目设计** 维特克工作室（Whitaker Studio）**摄影** 维特克工作室

2010 年，一家广告公司希望设计师可以为他们的新公司设计一个办公室。当时在来此之前，客户已经考虑使用集装箱进行设计，设计师在此基础上开始探索如何用基础的集装箱结构来进行设计。除了一些如霍亨索伦城堡（Hohenzollern Castle）的标志性建筑之外，当地的建筑普遍低矮。作为一个新的广告公司，他们需要在不起眼的建筑群中脱颖而出。设计师从霍亨索伦城堡以及科学实验室中的晶体生长中汲取灵感，集装箱箱体以一点为中心，呈宝石状四射开，这样一来，办公室以地面为基底，仰望天际。不幸的是，广告公司在此之前就放弃这里，办公室也因此没有建成。

然而，设计建筑不会永远地停留在某一特定的地方，设计师也希望设计的建筑可以在其他地方谱写新的生命。2017 年，一位客户希望设计师在加利福尼亚州约书亚树（Joshua Tree）为他建造一个私人住宅。设计师应邀去现场勘测，发现现场到处散落着参差不齐的石块，完全可以用来打造一个融入自然景观的美丽之家。设计师在设计平面图的时候，将集装箱拼接成 V 字形状组成卧室套间。V 字形旁边的集装箱群分别作为主客厅和餐厅使用，其余的集装箱作为入口和效用空间使用。在进行设计时，通过不同的集装箱箱体，所看到的景色是不同的，同时设计师也充分利用地形的优势，使集装箱摆放的角度正好可以保护户主的隐私。另外朝向天空的集装箱放置位置也经过设计师的深思熟虑。设计通过降低地面相邻之间集装箱的墙壁，使空间更好地连接在一起，更加利于光线的射入。

01 / 约书亚树正面图
02 / 卧室
03 / 厨房

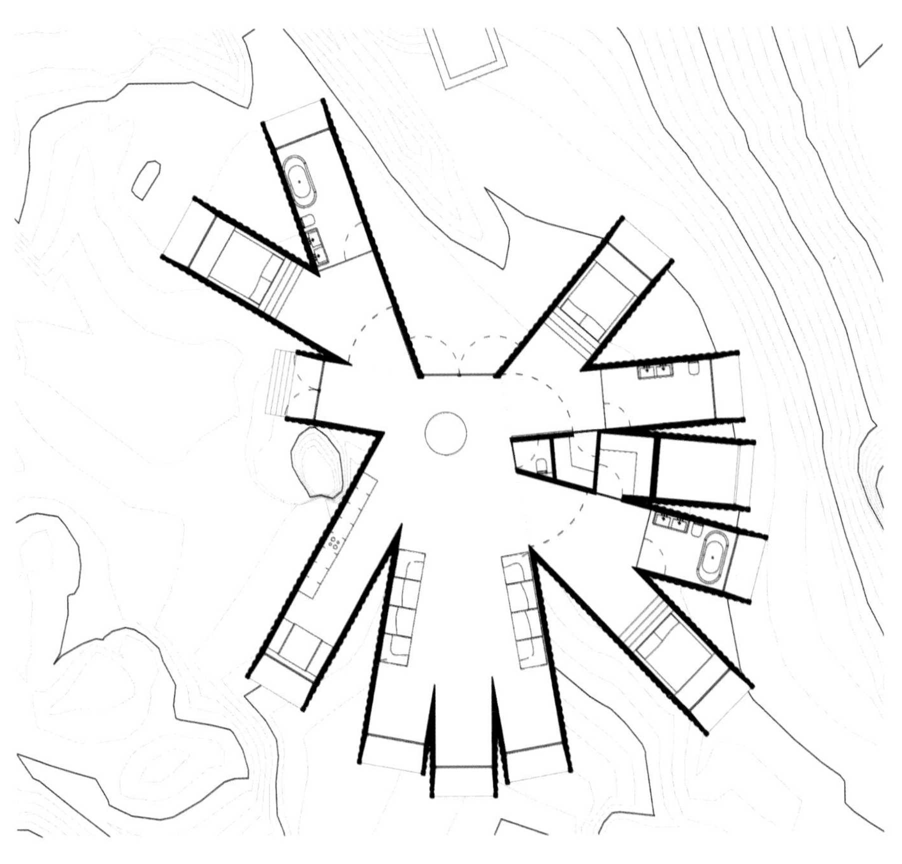

平面图

04 / 起居室和厨房
05 / 卧室和套件卫生间

05

索引 Index

集装箱酒店
阿尔提克建筑事务所（ARTIKUL architects）帕威尔·雷尔丹（Pavel Lejdar）、让·加百利（Jan Gabriel）、雅库布·维尔塞克（Jakub Vlcek）

网站：WWW.ARTIKUL.EU
电话：+420 603 546 909
邮箱：HONZA@ARTIKUL.EU

叠装叠
张明慧、宋瑞铭、张朕、何哲、沈海恩、臧峰

网站：http://www.peoples-architecture.com & http://www.peoples-products.com
邮箱：office@peoples-architecture.com

凯撒宾馆
Ngo Tuan Anh

Doedo 新能源汽车充电服务站
斯帝建筑科技

电话：+86 757 2897 6870
邮箱：koeyhe@staxbond.com

阿尔法店铺
集合工作室、超级笠茂工作室（Contain[it]、SuperLimão Studio）

网站：www.superlimao.com.br
www.contanit.com.br
Tel:+55 11 3518 8919
Email:livia@rpnacobogo.com.br

集装箱概念足球俱乐部空间设计
雅罗斯拉夫·加兰特、伊洛娜·加兰特（Ilona Galant, Yaroslav Galant）

Web:http://yaroslavgalant.com/raboty/
Tel: +38 (097) 878 53 41
Email:ilona@yaroslavgalant.com

大柏树集装箱创客走廊
上海科房投资有限公司

网站：http://www.kefan.com/index.php
电话：+86 21 6428 7165
邮箱：jinye@kefan.com

智慧湾集装箱
上海科房投资有限公司、钱生银、刘永、许家林

网站：http://www.kefan.com/index.php
电话：+86 21 6428 7165
邮箱：jinye@kefan.com

流行布里克斯顿集装箱村落
卡尔·特纳建筑（Carl Turner Architects）

网站：http://www.ct-architects.co.uk/

单元咖啡厅
SEH 建筑集团（TSEH Architectural Group）

网站：tseh.com.ua
电话：+3 8 044 2270545
邮箱：info@tseh.com.ua

凯恩酒店
Arcgency

网站：http://arcgency.com/
电话：+45 6128 0012
邮箱：moller@arcgency.com

里约无极限耐克店
GTM Cenografia

网站：www.gtmcenografia.com.br
电话：+55 11 3024-4400
邮箱：andrea.miyata@gtmcenografia.com.br

圣保罗麦克斯小屋
GTM Cenografia

网站：www.gtmcenografia.com.br
电话：+55 11 3024-4400
邮箱：andrea.miyata@gtmcenografia.com.br

东恒宾馆
田中麦（Mugi Tanaka）、IDMobile Co.，LTD

网站：https://atelier-mugi.jimdo.com
电话：+81-6-7502-4790

博奈尔马路市场
美素拉（Mesura）

网站：www.mesura.eu
电话：+34 934672190
邮箱：admin@mesura.eu

正大缤纷城集装箱住宅设计
上海华都建筑规划设计有限公司、张海翱

网站：http://hdd-group.com/zw/index.php
电话：86-21-65975399
邮箱：hdd@hdd-gtoup.com

插件塔
何哲、沈海恩、臧峰、张明慧、林铭凯、宋瑞铭、催刚健、张朕

网站：http://www.peoples-architecture.com & http://www.peoples-products.com
邮箱：office@peoples-architecture.com

卡苏洛集装箱酒店
本纳尔多・欧塔・阿基耶托（Bernardo Horta Arquiteto）、梅伊斯・阿基耶杜拉（MEIUS Arquitetura）、阿尔罗利多・阿基耶杜拉（Aerolito Arquitetura）

网站：http://meius.com.br/
电话：55 (31) 2552-0107

城市船舱
BIG-Bjarke Ingels 集团

网站：http://www.big.dk/
电话：+45.7221.7227
邮箱：big@big.dk

最后的旅程
斯普建筑（Spray architecture）、加布里埃尔维拉・布加德（Gabrielle Vella-Boucaud）

网站：http://sprayarchitecture.tumblr.com/
电话：+33(0)7 86 26 88 59
邮箱：contact@sprayarchitecture.com

尼莫小屋
李强素（Kangsoo Lee），强中勋（Joohyung Kang），李泰厚（Lee Taekho），崔英澈（Yeongcheol Choi）网站：http://www.thinktr.com/

电话：+ 82 (0)2 6487 3338
邮箱：klee.think@gmail.com

UNIONKUL STACK II
Arcgency

网站：http://arcgency.com/
电话：+45 6128 0012
邮箱：moller@arcgency.com

珠海蜜蜂 +
珠海市蜜蜂科技有限公司

网站：http://www.beeplus.cc/index.html?userpageid=3705
电话：86 0756-3673900
邮箱：enquiry@beeplus.cc

创新工作室
Cityzen

网站：http://cityzendesign.co.uk/
邮箱：+44 (0)1273 704901

集装箱临时住宅
飞利浦・艾伦费德（Felipe Ehrenfeld L）、伊尼尔乔・欧法立（Ignacio Orfali H）、伊尼尔乔・普里爱德（Ignacio Prieto I）

网站：http://labarq.cl/

WFH 小屋
Arcgency

网站：http://arcgency.com/
电话：+45 6128 0012
邮箱：moller@arcgency.com

口袋小屋
克里斯提娜・门那赛斯（Cristina Menezes）

网站：http://www.cristinamenezes.com.br/site/br/
电话：55 31 999520309
邮箱：cristina@cristinamenezes.com.br

悬崖小屋
变化建筑 [Architecture for a change (pty)ltd]

网站：https://www.a4ac.co.za/

多功能工作室
木工作室（Studio Wood）、萨哈伊・巴哈提亚（Sahej Bhatia）、那威雅・埃格瓦（Navya Aggarwal）、维琳达・马瑟（Vrinda Mathur）

网站：http://studiowood.co.in/
电话：+91 98-106-31311
邮箱：hello@studiowood.co.in

上海青浦集装箱售楼处
旭可建筑 (AtelierXÜK)

网站：http://www.atelier-xuk.com.cn/

潮汐空间
常可、李汶翰

网站：http://www.officeproject.cn/
电话：86 15011510733
邮箱：contact@officeproject.cn

约书亚树
维特克工作室（Whitaker Studio）

网站：http://www.whitakerstudio.co.uk/
电话：+447717330910
邮箱：enquiries@whitakerstudio.co.uk

图书在版编目(CIP)数据

移动的建筑.2/(英)罗斯·基尔伯特编;夏薇译.—桂林:广西师范大学出版社,2018.4
ISBN 978-7-5598-0554-6

Ⅰ.①移… Ⅱ.①罗… ②夏… Ⅲ.①集装箱-建筑设计-图集
Ⅳ.①TU29-64

中国版本图书馆 CIP 数据核字(2017)第 327465 号

出 品 人:刘广汉
策　　划:安　利　安利艺术工作室/瀚宇集装箱
责任编辑:肖　莉
助理编辑:夏　薇
版式设计:高　帅

广西师范大学出版社出版发行
(广西桂林市五里店路9号　　邮政编码:541004
网址:http://www.bbtpress.com)
出版人:张艺兵
全国新华书店经销
销售热线:021-65200318　021-31260822-898
恒美印务(广州)有限公司印刷
(广州市南沙区环市大道南路334号　邮政编码:511458)
开本:635mm×965mm　1/8
印张:34　　字数:90千字
2018年4月第1版　　2018年4月第1次印刷
定价:268.00元